国际时装设计经典系列丛书

Fashion Print Design

国际时装图案设计

（西）安赫尔·费尔南德斯　著
李衍萱 汪芳 李林 路丛丛　译

修订版

東華大學出版社
·上海·

图书在版编目（CIP）数据

国际时装图案设计/（西）安赫尔·费尔南德斯著；李衍萱等译著.—修订本.—上海：东华大学出版社.2019.9

ISBN 978-7-5669-1631-0

Ⅰ.①国… Ⅱ.①安…②李… Ⅲ.①服装设计－图案设计 Ⅳ.①TS941.2

中国版本图书馆CIP数据核字（2019）第177455号

Original Spanish title:Fashion Prints Design-From the Idea to the Final Fabric

Text：Ángel Fernández

合同登记号：09-2014-655

责任编辑　谢 未
装帧设计　王 丽

国际时装图案设计（修订版）
Guoji Shizhuang Tu' an Sheji

著　者：（西）安赫尔·费尔南德斯
译　者：李衍萱 汪 芳 李 林 路丛丛
出　版：东华大学出版社
（上海市延安西路1882号　邮政编码：200051）
出版社网址：dhupress.dhu.edu.cn
天猫旗舰店：http://dhdx.tmall.com
营销中心：021-62193056　62373056　62379558
印　刷：上海利丰雅高印刷有限公司
开　本：889 mm × 1194 mm　1/16
印　张：12
字　数：422千字
版　次：2019年9月第2版
印　次：2019年9月第1次印刷
书　号：ISBN 978-7-5669-1631-0
定　价：79.00元

目 录

简 介

作为一个富有创新精神的服装设计师，每一季的服装设计产品在面向消费者时，都应该涉及两个最基本的要素：面料和版型。可以说，一个设计师能以最大限度的自由在设计中实现自我的创意与艺术表达，取决于对面料与版型的掌握能力，它也能深化设计师作为创造者的职能，使自己的设计风格独特而有个性。

设计大师克里斯托夫·巴黎世家（Cristóbal Balenciage）有过一句非常著名的座右铭："时装设计师，必须具有建筑师的线条表现能力，雕塑家的造型能力，画家驾驭色彩的能力，音乐家的协调能力和哲学家的气质。"从中可以看出，服装设计师的工作需要掌握一系列的技能，并且具有创造、实施、塑造、装饰、绘制以及面料处理能力。

尽管面料作为服装基础组成部分是毋庸置疑的，但是，创造、开发以及对原材料的处理等方面却是隐藏于服装艺术之中的。同样，从各个层次的服装来看，无论是日常休闲装设计，还是巴黎高级定制时装，图案设计都是每个服装设计师所需掌握的基础环节。也正因为图案，一件简单的 T 恤可以呈现出一种独一无二的特性。富有表现力的主题印花图案能让一件普通的 T 恤转身一变成为充满时尚魅力的产品。因此，图案设计不仅需要具备技术和创意来确定花型，同时需要掌握工艺知识以及将工艺施加于原材料之上的各种可行的方法。

项目开发——创意过程

设计师工作室

设计师在创作过程中，环境与氛围对其影响至关重要。因此，设计师的工作空间环境不仅仅要求有条理、适于活动，而更应侧重反映设计师的个人世界和精神需求。因此，工作空间应该处处充满惊喜与魔力，最大可能地激发创作灵感，这才是工作室应该有的样貌。

一个井然有序的工作空间首先必须有良好的通风，窗外有美丽的风景，这样的空间可使设计师感到精神放松。同样重要的还有家具，包括足够大的桌子，符合人体工程学的椅子，以及一个能陈列书籍、杂志、资料册、影碟等的书架。

强有力的数码设备也是另一个基本组成部分。电脑需要配备一个大的扫描仪和打印机，且有一台完整的复印机也是十分有用的。现代数码技术与传统工艺的结合，为今天的纺织品艺术设计提供了更为广阔的创作空间，服装的产品也因此呈现出千变万化的视觉效果。

需要用架子陈列的还有各种手绘材料与工具：水彩、墨水、铅笔、毛笔、水粉、喷枪等，同时还需一个设置清洗工具和设备的空间，每个公司或者工作室的布局都会有所差异。

有的公司拥有专门的纺织品设计部门，有的则利用外面的设计师工作室。完整的工作室会配备制作丝网印花和测试面料的工作间，但这个空间不是必须的，因为这部分的创意过程可以外包给专业的工作室。

服装设计师工作室通常由一个创意总监带领几个设计师组成，作为核心主导的创意总监分配项目并负责后续的工作，设计师则需协同完成。当然，每个设计工作室都有不同的组织形式，如有的设计团队中保持每个设计师在项目中相对独立的工作。

1. 有条不紊地摆放工具是设计工作顺利进行的基础。

2–3. 纺织品设计师 Lise Gulassa（加利福尼亚）和 CyrilleGulassa（奥地利）的工作室。来自 Sister Gulassa 公司。

工具与材料

设计师对材料性能的深入了解以及其创意的潜能对于他们广泛利用各种工艺表达其理念至关重要。如果设计师只习惯使用一种单一的表现技法，那么他（她）可能会发现自己的设计作品很难满足不同消费者的需求，这就是为什么他们需要拥有良好的设备及材料并熟知其用法的原因。

绘图铅笔

绘图铅笔是手绘创作的最基本工具，它是由天然的石墨和黏土粉末粘结，在特定的温度下烧制而成的。根据石墨和黏土用量的多少而导致了铅笔芯的软硬度不同。黏土含量越多，笔芯的硬度越大。

硬笔芯的笔触干涩，带有灰调，易表现较细的线条。软笔芯的笔油滑，易碎，易表现色深且粗犷的线条。铅笔是画黑白图案最好的工具，可以用线条去塑造图案的轮廓。

自动铅笔

自动铅笔可以很容易地按出笔芯（石墨芯），使用时可控制笔芯的长短。自动铅笔应用广泛，适用于设计稿绘制的不同阶段。0.5mm 笔芯的自动铅笔既可勾勒草图也可以随意地记录下最初的想法；0.3 ~ 0.9mm 笔芯的自动铅笔有着传统铅笔一样的各种硬度，是手绘的最佳工具，不但适宜于表现轮廓也是精细细节塑造的工具选择。除此，自动铅笔具有不用像传统铅笔那样削笔的优势。

蜡笔（色粉）和炭笔

蜡笔（色粉）是由干燥颜料磨成粉末并用黏合剂混合制成的，得到的混合物最后制成特定颜色的色块或是笔芯。由于蜡笔（色粉）中不含有其他混合元素，所以它也是纯度相对高的画材。炭笔则是由粉末与油性黏合剂混合而成的材料，炭笔可以呈现浓郁而强烈的视觉效果。

彩色铅笔

彩色铅笔既可以表现精细的线条，又可以画出生动的笔触。它的维护与使用都极为便捷，且不易弄脏画面，使用起来也近似普通铅笔。使用时需要注意两方面的问题：线条不能虚化，由于其中含有油性成分，使用橡皮不能将其完全擦除。根据材料的制造工艺不同，彩色铅笔包括多个种类，其中一种就是水溶性彩铅。

签字笔和马克笔

签字笔是一种极为流行的绘画工具，也是插画与平面设计中运用广泛的实用工具。运用签字笔表现图稿，绘制过程与彩色铅笔非常相似，若将签字笔与彩色铅笔两者结合使用，会获得良好的画面效果。签字笔的构造接近钢笔，只是签字笔自带墨水。为了达到良好的渗透性，签字笔的笔尖会用毛毡等纤维材料制作而成。

墨水

墨水是一种有着极强着色力的液体绘画材料。饱和的墨水可以表现强烈的形体，也可以刻画精细的细节；用水稀释后的墨水，表现的形体浓淡自如，可呈现透明、柔和渐变等微妙的视觉效果。

中国墨水是众多墨水品种中最古老的一种，也是浓稠度最高的一种。而有色墨水中多含有清漆，它可以确保颜色很好地附着于表面，防止其因为机械摩擦而褪色。这些材料通常是树脂型（溶剂型墨水）的或者合成（水墨）的。

彩色墨水和水彩

水彩技法是利用被水稀释后的水彩颜料在白纸上进行绘制，并表现透明的视觉效果。彩色墨水，被设计师称作苯胺或是液体水彩，它的用法与水彩相同。彩色墨水与水彩多运用圆头毛笔为工具。

水粉和丙烯

水粉和丙烯颜料尽管成分不同，也不能同时混合使用，但绘制技法却有很多共通性。它们都溶于水，但是丙烯颜料干后会呈现光泽并不易修改，而水粉颜料绘制后，干了仍方便覆盖与修改，无光泽，只能通过在上面施加带水的笔刷才能溶解。水粉与丙烯颜料适合运用圆头及扁平的毛笔为工具。

纸和笔记本

纸是服装设计师使用最频繁的工具之一，但是在项目表达过程中，还需通过面料小样和辅助织物使设计更加完整。纸的种类繁多，根据绘画过程中使用的工具来选择纸张。其中细腻、透明、柔软的防油蜡面纸最好用，因为它透明，经常用来拷贝模板和图片。

CAD 设备（计算机辅助设备）

计算机辅助设计（CAD）可以将图像（原作或是扫描图像）载入电脑，随后通过绘画与修改程序对其进行处理，所获得的效果可谓无穷无尽。与此前介绍的工具相比，计算机设计过程更快速，也更“干净”，但是它首先需要设计师掌握电脑设计软件的知识与操作技能。软件也根据设计的不同需要而有不同选择，如二维（2D）的矢量图形和图像的绘制，三维（3D）的版型制作。CAD 由几何数据库（点、线、弧等）所组成，操作者可以利用平面和变换的界面来进行交互。

1

2

3

1. 手绘铅笔稿，而后用墨水上色。来自 Ailanto 公司。

2. 在电脑中构图，图片来源于书本上，将其打印在防油纸（拷贝纸）上，这样可以利用石墨铅笔勾勒。

3-4. 速写本上展示了水彩绘制的花卉，工具盒中摆放了不同型号的中国毛笔。

4

客户

当设计师拥有了自己的纺织品设计公司，他们除了市场之外便没有其他束缚——他们可以选择自己服务的对象，可以自行决定何种设计类型。但这种情况并不多见。多数情况下是客户决定设计师的设计方向，从拥有客户的那一刻开始，客户也就决定了设计的风格定位与目标。在这种情况下，设计师的工作服从于服装或者面料公司。如果是服装公司下发的设计任务，设计师会提前获得消费者的情况。因此，这个项目取决于服装的最终购买者——他们的年龄、性别、社会地位、购买能力和风格（运动风格、经典风格、奢华风格等）。因此，所针对的大众群体通常是根据这些特征而甄选出来的一部分人群，他们有一定的同质性。设计的成功很大一部分取决于对这部分群体的深入了解。

设计师的目标应该是实现客户的需求，当然，这也源自设计师个人的理念和风格，而归根到底，这种理念和风格也是当初客户选择此设计师进行服装设计的初衷。

1.Divinas Palabras设计的作品针对年轻、休闲、智慧一族，他们对服装图案传递的信息非常在意。

2-3-4. 面料设计师Marcus James的作品符合各个商业公司的要求。这些图案设计以及最终在服装上的运用由Yves Saint Laurent（2008年的系列）和Camilla Staerk（2006秋冬和2007春夏系列）品牌委托。

3

4

面料设计师 Hanna Werning 的作品忠实于她自己的风格，她受 Dagmar 公司委托开发了一个概念性产品线，运用于各个季节的服装与配饰上。

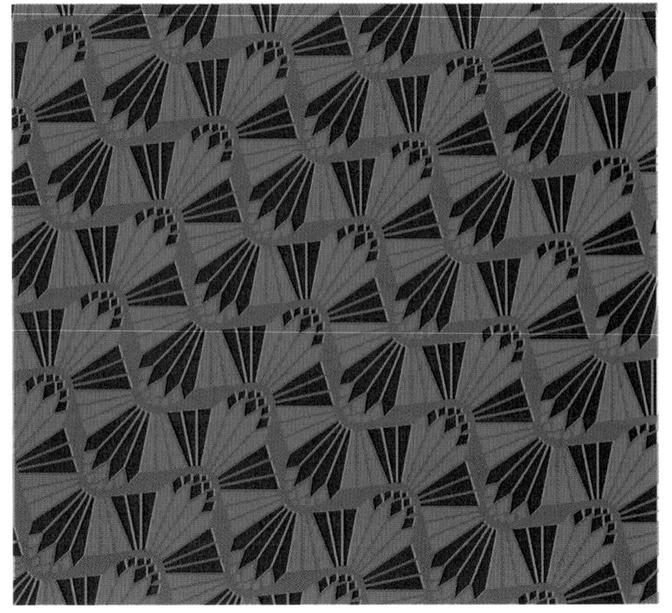

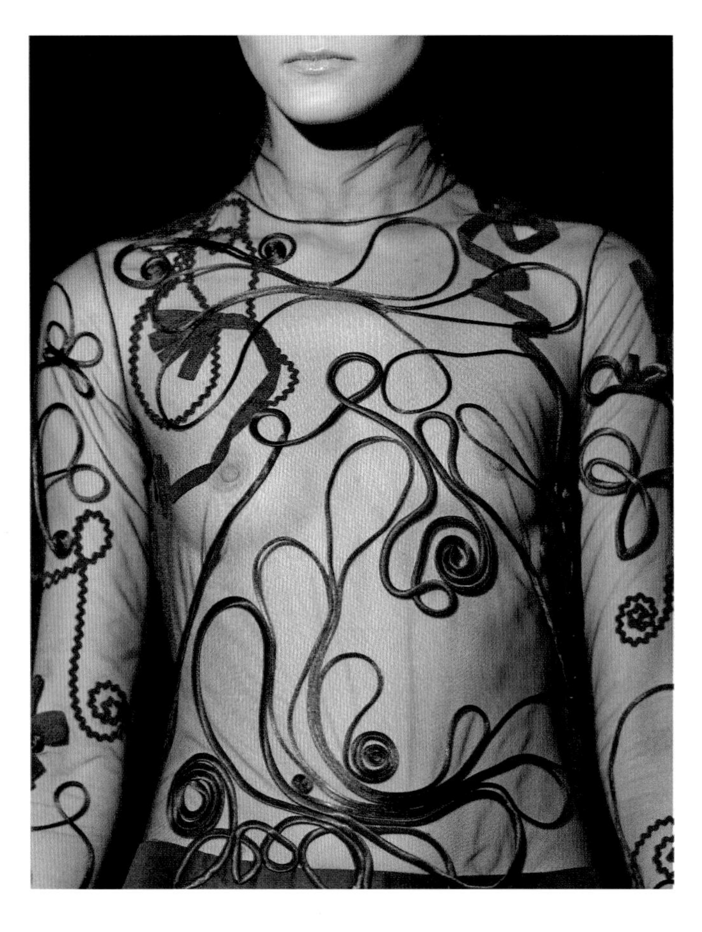

设计师 Josep Font 在巴黎的首秀作品，通过使用丝带、面料和刺绣将整个设计贯穿起来。

调研和文案

所有的创意项目和服装设计师一样，都要求充分了解最新的潮流动态。需要既关注流行趋势报告，又要保持个性与风格。每一个设计师都须保持高度的敏锐度与嗅觉，掌握当前的所有流行资讯。

为寻找灵感，设计师必须经常进行调研。他们需扩大眼界，广泛接受时尚界各式各样的信息（来自网络、集会、展会、书籍、博物馆、商店、市场趋势等等），汲取那些微妙的美学上的变化，观察人们的行为与品味。

因此，针对流行趋势而言，设计师还需仔细观察周边快速发展的社会环境，以寻找到那些核心的主题概念，并把它运用到自己的设计中来。同时，关注新的面料和印染技术也显得至关重要。从这方面看，互联网为我们提供了一个可谓无限大的信息世界。如果需要通过精挑细选获得那些个人感兴趣的图片资料，最好的办法是登陆那些专业的时尚趋势网站，如 www.wgsn.com,www.instyle.com,www.stylesight.com,www.fashiontrendsetter.com 或 www.trendunion.com 等。

另一方面，杂志以及一些专业的时尚出版物、行业展览目录，都能帮助设计师和前卫的专业人士与国际主流时尚中心（巴黎、伦敦、纽约、米兰）那些大型时装设计公司的设计师保持步调一致。如果设计师能有旅行的机会，那么他（她）可以参与那些设计活动，如面料和配饰相关的活动、展会或行业展览。总而言之，这是与各种时尚产业资讯保持密切联系的有效方法。

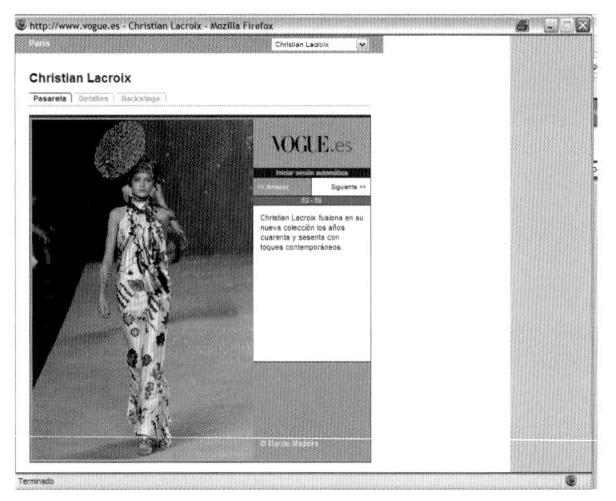

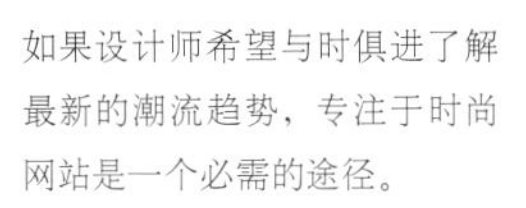

如果设计师希望与时俱进了解最新的潮流趋势，专注于时尚网站是一个必需的途径。

设计师的个人资料库是灵感无穷无尽的源头。

趋势

在特定时期、特定环境下某些元素所具有的行为模式称为趋势。用更精简的术语来说，趋势指的就是时尚的事物，或者即将时尚的事物。了解当今的时尚趋势并走在趋势之前，需要设计师的直觉，再加上身边环境所传达的信息。这些主题将成为设计师的指南，引导设计师从何处着手。

创意面料设计师会一直走在街头时尚的前沿。他们需在所有的最新产品上市前提前完成设计作品，这就是为什么设计师必须具有流行前瞻性的重要原因。有时设计师有预测趋势的能力，但是市场却可能还不成熟，在这种情况下，尽管设计师总能找到更前卫的领域来表达自己的设计想法，但还是把它保留到将来会更明智。

在主要的时尚中心举办的专业性行业展会是设计师另一个宝贵的信息来源。这种活动让设计师至少提前一年接触到流行趋势，使设计师与时尚产业的各个环节建立起联系，并可获得第一手相关的原创资讯，如色彩趋势与预测，纤维和面料的类型以及最新、最创意的男装、女装、童装等流行样式。

另一个使设计师走在流行前沿的方法是接触许多周游世界并收集资讯的时装专业人士，他们在时装杂志上发表文章，为业内公司提供报告。在这个领域中，会有专门针对时尚以及面料不同领域制定流行趋势的机构。这些专业人士会给设计师提供许多想法，诸如在色彩、材质、图案、廓型以及其他一些可能会在下一季流行的方向。而有些设计师更喜欢使自己保持在趋势以及这些流行信息的边缘，根据自己的品位和直觉，使自己不受市场的影响来进行设计，针对的是一个另类的群体，或者意在成为新风格或趋势的先锋。

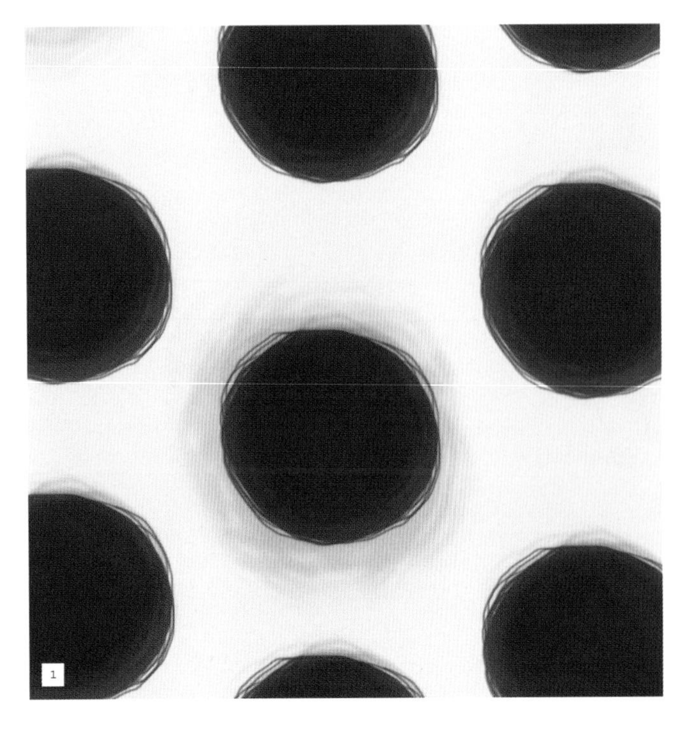

1

2

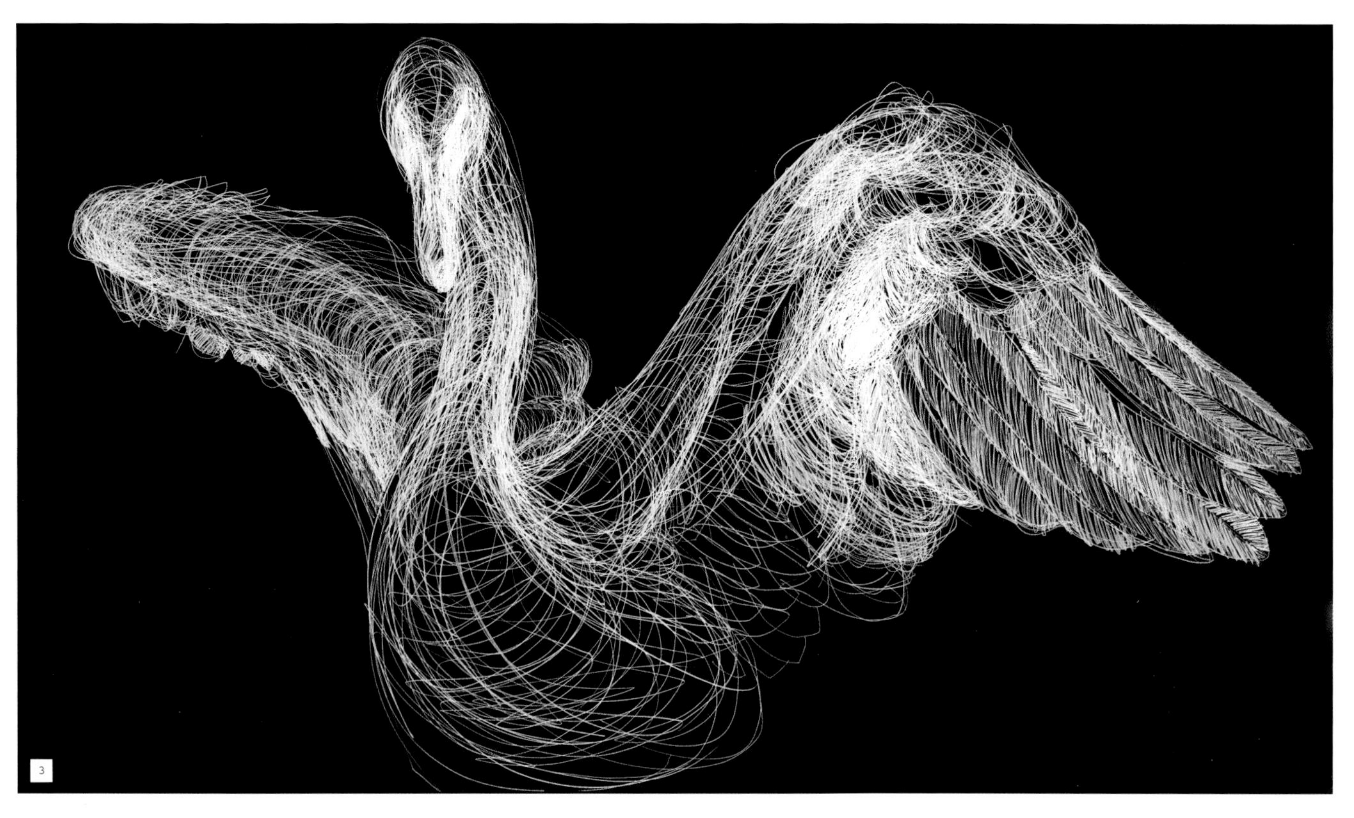

3

1. 圆点图案在每个季节都经久不衰，各个季节以不同的形式呈现（WGSN）。

2. 对人物的数字化处理产生了多层次的视觉效果，设计师运用这种效果创作出同一画作的各种变体。

3. 传统的天鹅图案由于使用了电脑技术而具有了新的意韵，来自设计师 Marcus James 为 Camilla Staerk 公司的设计作品。

4.T 台上展示的设计会影响高街品牌，创造了普通大众中的潮流趋势。来自设计师 Marcus James 为 Camilla Staerk 公司的设计作品。

4

1

2

1. 国际展览会可能会对时装产生影响，正如日本艺术家 Utamaro 的作品，他的画稿被印制在丝绸手帕上。

2. 灵感源于日本文化的人物，其精美的图案构成形式和色彩组合经常出现在潮流趋势中。

3. 日本手绘和服细节。

4. 运用模版工艺和喷枪（通常用于街头艺术）制作的插画，来自 Ailanto 公司。

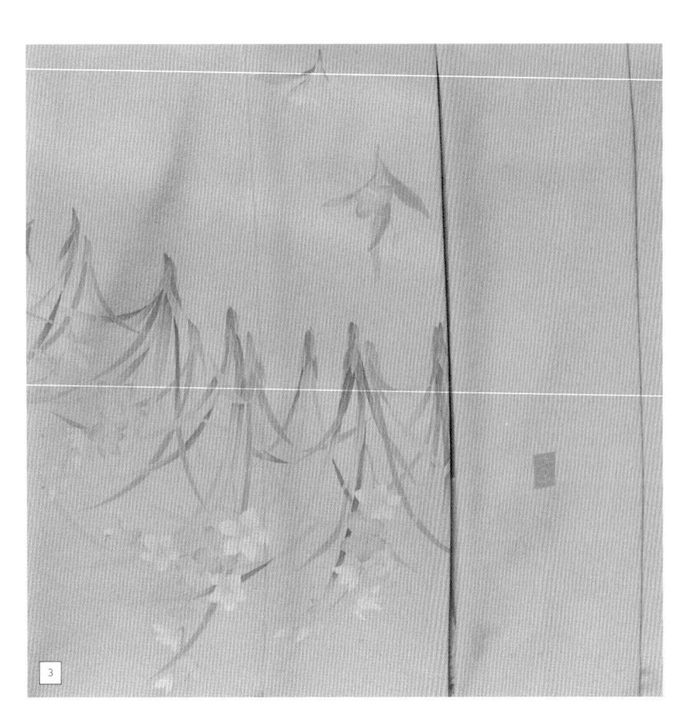

3

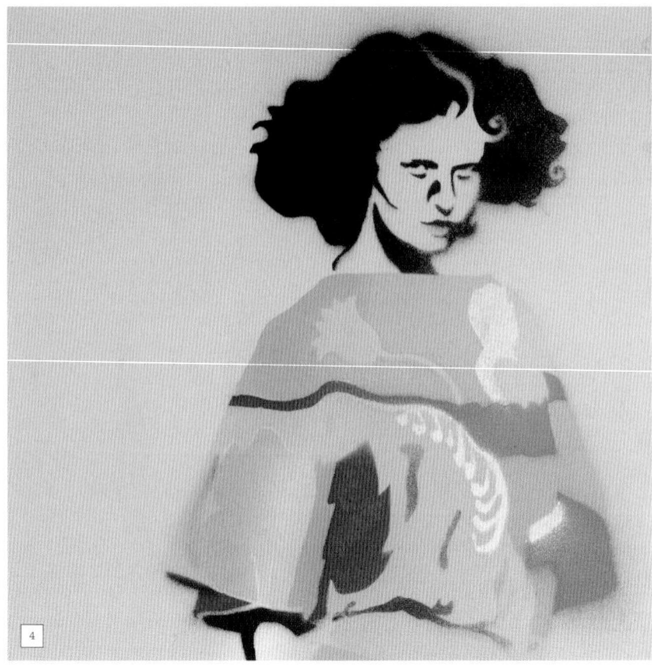

4

丝绸和服婚礼服上的图案设计细节，花卉图案和几何形一直是日本设计师的灵感来源。

展会

在春夏和秋冬之前每年举办两次展会，面料展会展示最新的羊毛以及印花面料方面的趋势和技术革新。这些展会不仅给设计师提供了一个平台，还能让有创意的设计师有了展示并出售自己作品给面料制造商和设计师的场所。行业内最重要的展会之一在巴黎举办，为“第一视觉”（www.premierevision.fr）。来自世界各地的面料制造商和设计师们汇聚到法国首都，采购以及出售他们的产品，或者对新产品一睹为快。

与这一展会并驾齐驱的还有其他，如专注纤维和纱线的“Expofil”，专注皮革的“Le Cuir à Paris”，还有专注纺织品设计、印花、刺绣和复古材料的“Indigo”。与巴黎举行的展会同样重要的是在佛罗伦萨举办的“PittiFilati”，它附属于“PittiImmagine”展（www.pittimmagine.com），同样有许多来自世界各地的专家参加。

其他一些重要的每年在全世界不同城市举办的面料展会有：

PREMIÈRE VISION纽约：预览面料流行趋势（美国，纽约）。www.premierevision-newyork.com

PREMIÈRE VISION 莫斯科：预览面料流行趋势（俄罗斯，莫斯科）。www.premierevision-newyork.ru

TEXWORLD：最新的面料趋势（法国巴黎、美国纽约、印度孟买）。www.texworld.messefrankfurt.com。

SALÓN TEXTIL INTERNACIONAL DE BARCELONA：展示大量的面料系列（西班牙，巴塞罗那）。www.stib.net。

IDEABIELLA：男装及女装面料（意大利，米兰）。www.ideabiella.it。

IDEACOMO：女性服装面料（意大利，米兰）。www.ideacomo.com。

MODA IN：服装市场上的前卫材料（意大利，米兰）。www.fieramodain.it。

PRATO EXPO：男女休闲装的创新面料（意大利，米兰）。www.pratoexpo.com。

SHIRT AVENUE：衬衫面料（意大利，米兰）。www.shirt-avenue.com。

MUNICH FABRIC START：国际面料展（德国，慕尼黑）。www.munichfabricstart.com。

TECHTEXTIL：国际专题展会（美国亚特兰大及拉斯维加斯、德国法兰克福、中国上海、印度孟买、俄罗斯莫斯科）。

INTERTEXTILE：裙装及家具（居）用面料（中国，北京及上海）。www.messefrankfurt.com.hk。

YARN EXPO：国际纤维纱线展（中国，上海）。www.messefrankfurt.com.hk。

PITTI FILATI：针织面料（意大利，佛罗伦萨）。www.pittimmagine.com。

造型相似的佩兹利纹样，由于设计表现手法和印染工艺的不同，有很多变体。这些设计稿来自Lissa公司，在2008年的巴黎“第一视觉面料展会”上展出。

笔记本——创意实验室

进行图案设计创作，首先需要一本笔记本或者速写本，设计师可以用它来表达设计想法，使其像视觉日记一样，在其中凸显出某些概念，随着进展的深入，对这些概念进行去粗取精。速写本是检验创意的场所，在这里，创意通过画稿得以实现。速写本也是一个个人资料库，其中存储了设计师从博物馆、杂志、展会、电影、书籍或街头陈列等地方获得的图片。

速写本中包含了完成图案设计创意所需的概念性素材：图形、色彩，以及实物小样。在这里，只要能为创作提供新颖和有趣的设计要素，那么每一项积累都变得有意义，哪怕只是从报纸上剪下来的纸片、面料小样、一片树叶，或是一张人物、风光、环境的照片。速写本自身包含了有视觉感染力和说服力的篇章，它们是设计师们最好的工具，可以传达出产品在完成之前的完整创意。

需要考虑的是，设计师最初在速写本上勾勒的草图、记下的文字或是一些设计想法，并不具备公开性。它是设计师为自己建立的一个不受束缚，也不受外界的评判，正是有这样的空间，才能促使设计师做出最大胆的设计作品。

速写本包含了体现设计师极为个人化的信息，这些信息可以形成新的原创设计点子，因此速写本中的信息也不应过早对外公示。

为创意勾勒草图是设计过程中很重要的环节，表现草图的方法有多种，但最常见的还是使用铅笔，可表现生动活泼的笔触，随意的涂鸦，且无须考虑过于精准与细节。总之，不用将草图表现成一副完美的插画作品，只要作者本人能明白它的表达意义就好。

1

2

3

4

草图

速写本里的草图一般不会很精致，因为它的主要目的是传达一个设计理念。这些草图的目的就像故事情节的一个线索，用以反映风格与色彩的简约形式来囊括一切。

正因如此，多数的草图都是快速表现而成，而这种快速表现反过来又给笔触增加了随性与活力。设计草图对作者来说必须清晰、易辨认，作者可以自行解读，因为其表现目的是为了阐述设计师的想法和概念。

对于很多设计师来说，速写本必须有完善的电子设备作为支撑，这不仅仅因为他们的创意和资讯来源于电脑——通过网络或是他们用数码相机、手机拍摄的图像，并且他们还可以通过电脑软件来完善和修饰图像。

不可否认，电脑给设计师提供了一个巨大的灵感图书馆，也提供了实现图形多样化效果的无限可能性，在这一点上，铅笔、纸和剪贴的手法看起来相形见绌，甚至变得多余，但是电脑却让人们失去了看到新鲜事物的兴奋感。目前，人们开始回归传统的手绘技法已成趋势。

为了记住并消化吸收我们所观察到的事物，设计师们需参考每个画稿旁边的笔记。这样，还可以添加有关的色彩、材质、色调等信息。在向客户和定制商表达初步设计构思时，这种注解非常重要。因此，在这种情况下，草图还需要附带一些文字，阐明细节、主观印象（如时间、地域、色彩倾向、刺绣要点、面料类型）等。

1-2-3-4. 速写本也是一个视觉日记本，从中可以看出图案设计的初始概念是如何产生的，还附有文字说明，阐明了肌理、色彩等具体细节。其中第一幅印花概念正是来源于这些记录着具体材质和颜色的笔记，并最终被反映出来。

5. 设计草稿的目的是阐明设计想法和概念，随后在面料上呈现出来。

来自 Javier Nanclares 的笔记本，探索了同一颜色图案的不同变化，运用苯胺和漂白剂手绘而成。

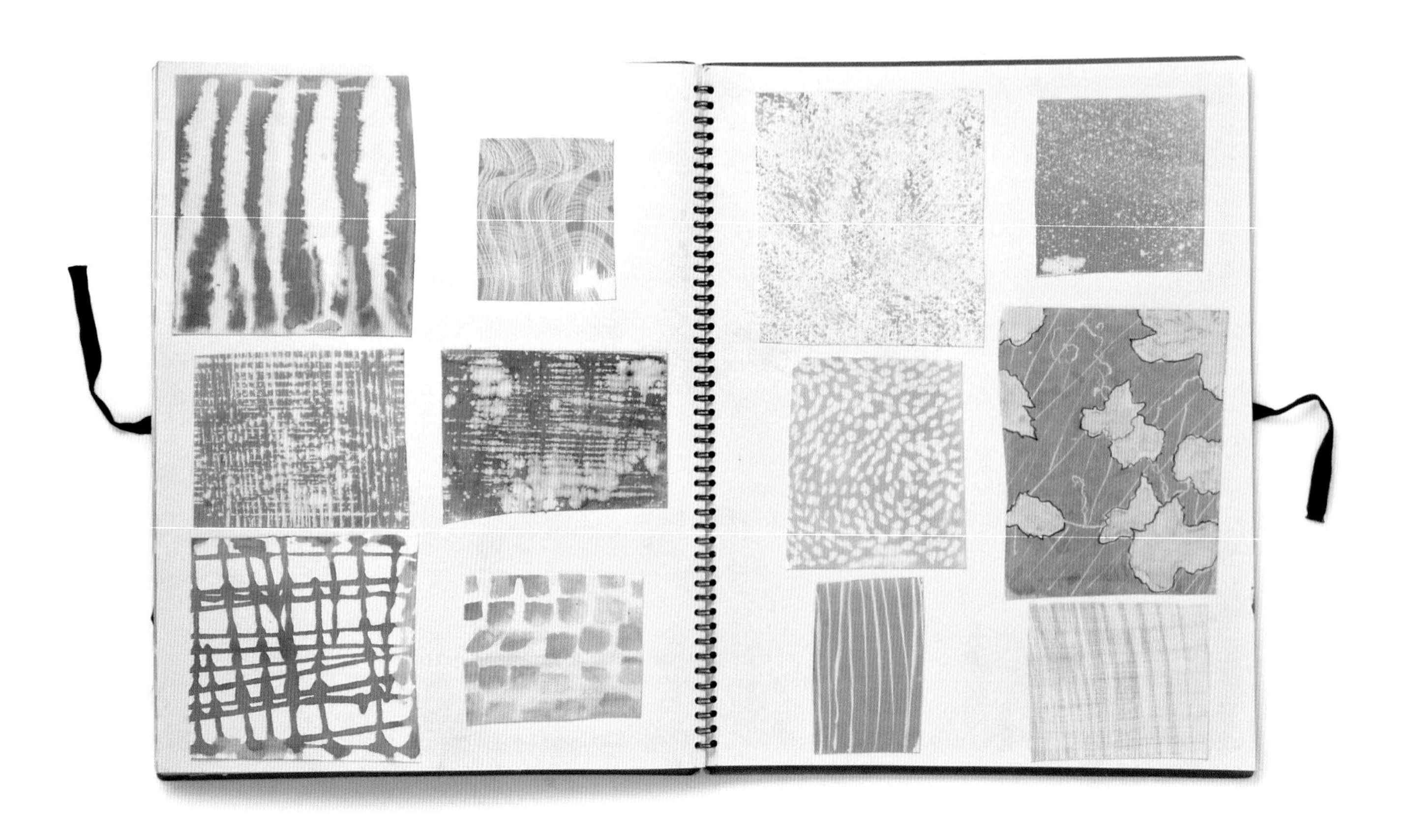

同一个图案在纸上手绘的效果（1）、电脑绘制效果（2）和服装上的应用效果（3）。

灵感来源——灵感板

坚持不懈的市场调研，迫使设计师必须永远睁大双眼去接受时装界各种渠道的信息，这是为了汲取信息中所反映出的微妙审美变化，而将这些调研的成果综合起来就形成了灵感。我们可以把设计师比喻成一个雷达，要感知一段时间里的各种变化，关心周围环境并将它们纳入进自己的设计中。

收集材料和图片是花型创作过程中至关重要的一步。因此，设计师运用灵感板去协助和补充速写本，并将许多关于反映主题的各种图片放在一起。这种趋势板不仅仅是灵感之源，也是一个产生与联结各种想法的工具。

灵感板是一个用纸或者是电子形式展示的综合体，它包含了图像化的思维，这种思维激发了图案的创作，以备后续印染。它是一个图片的集成，这些图片来自杂志、书籍、网络和照片，总之，它为设计师提供了实现某种风格的定位依据。灵感板的信息往往包含了一些小玩艺的照片、服装、面料剪贴、色卡和一些日常的东西，它们都被剪下并井然有序地排列，使所有不同的想法都集中在这个双页灵感板上。设计师一旦收集了足够多的图片，基本上就可以开始新的设计开发了。随着时间的推移，通过剪贴的方式制作起来的灵感板将会变成一个非常有用的参考素材库，从中设计师可以提取或者寻找自己所需的创意。

色彩

为了定义色彩，最通用的工具就是潘通色卡（潘通是一家为专业人士制作实物色卡的公司）。用于时装领域的潘通色卡是 TC 色卡（潘通纺织品色卡）。当设计师将设计初稿带去工厂，公司会根据潘通色卡的编号或是对照实物小样的色彩寻找最精准的颜色去生产面料。

以摄影图片为基础而制作的设计情绪板。Javier Nanclares的原创拼贴作品。

情绪板就好比是创意的拼贴组合，它反映了设计师的灵感来源。

野蚕丝面料拼贴，旁边附有意大利 *Vogue* 杂志上的照片，作为风格的参考。

全球时装网(World Global Style Network，WGSN)的色彩情绪板。

商业公司 2008–2009 冬季色彩表。

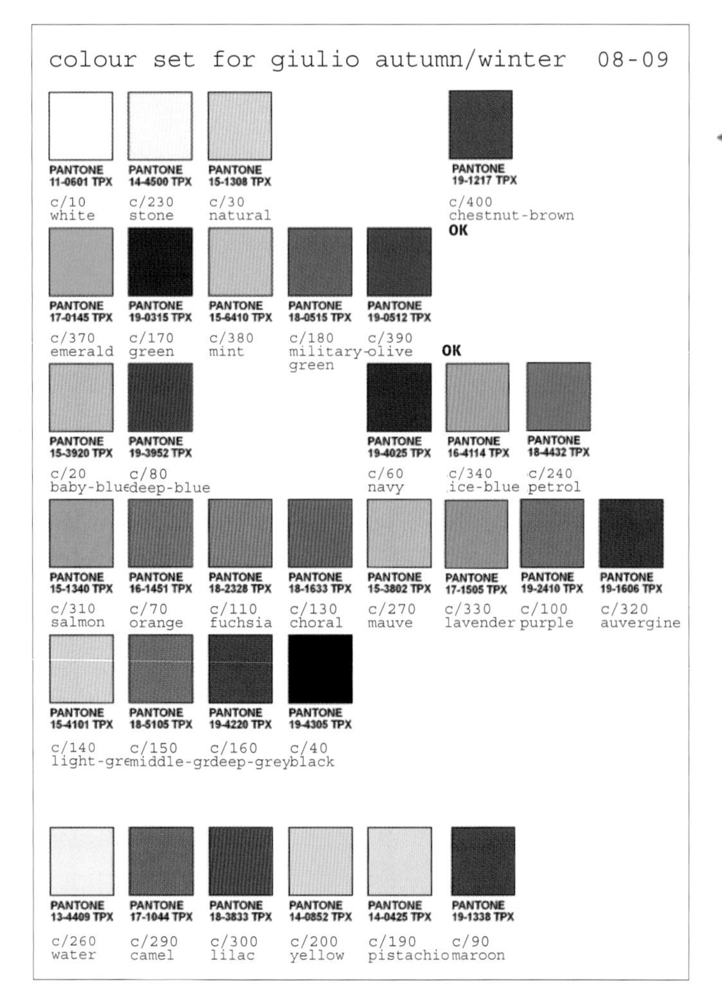
colour set for giulio autumn/winter 08-09
PANTONE 11-0601 TPX c/10 white
PANTONE 14-4500 TPX c/230 stone
PANTONE 15-1308 TPX c/30 natural
PANTONE 19-1217 TPX c/400 chestnut-brown OK
PANTONE 17-0145 TPX c/370 emerald
PANTONE 19-0315 TPX c/170 green
PANTONE 15-6410 TPX c/380 mint
PANTONE 18-0515 TPX c/180 military-green
PANTONE 19-0512 TPX c/390 olive
OK
PANTONE 15-3920 TPX c/20 baby-blue
PANTONE 19-3952 TPX c/80 deep-blue
PANTONE 19-4025 TPX c/60 navy
PANTONE 16-4114 TPX c/340 ice-blue
PANTONE 18-4432 TPX c/240 petrol
PANTONE 15-1340 TPX c/310 salmon
PANTONE 16-1451 TPX c/70 orange
PANTONE 18-2328 TPX c/110 fuchsia
PANTONE 18-1633 TPX c/130 choral
PANTONE 15-3802 TPX c/270 mauve
PANTONE 17-1505 TPX c/330 lavender
PANTONE 19-2410 TPX c/100 purple
PANTONE 19-1606 TPX c/320 auvergine
PANTONE 15-4101 TPX c/140 light-gr
PANTONE 18-5105 TPX c/150 middle-gr
PANTONE 19-4220 TPX c/160 deep-grey
PANTONE 19-4305 TPX c/40 black
PANTONE 13-4409 TPX c/260 water
PANTONE 17-1044 TPX c/290 camel
PANTONE 18-3833 TPX c/300 lilac
PANTONE 14-0852 TPX c/200 yellow
PANTONE 14-0425 TPX c/190 pistachio
PANTONE 19-1338 TPX c/90 maroon

由于面料的肌理会导致色调产生变化，面料色彩表可以让色彩更精确。

CIELO 202/I
BLANCO

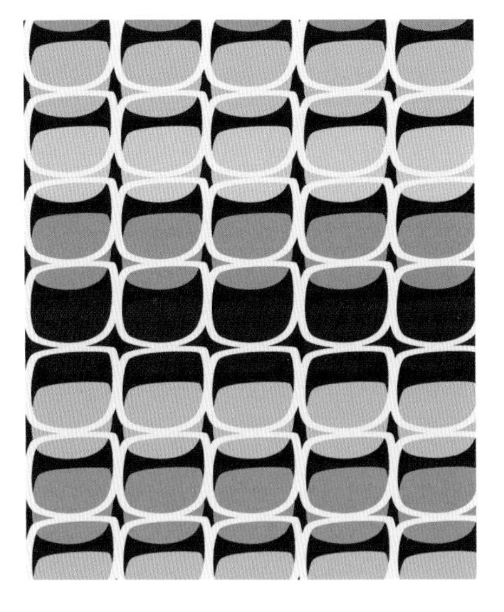

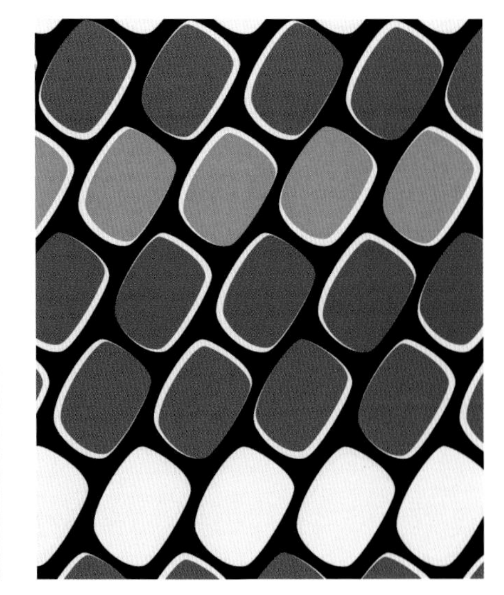

同一主题——图案的视觉效果源自复古灵感，色彩和构成方式产生变化。来自 Laura Fern á ndez 为 Simorra 公司所做的设计，2008–2009 冬季系列。

图案的工艺参数，附有色彩参考。

JAVIER SIMORRA
Barcelona

PRINT DETAILS
SPRING- SUMMER 09

RAPORT SIZE

35 CM

30 CM

	BACKGROUND	COL/ 1	COL/ 2	COL/ 3	COL/ 4	COL/ 5
OPT. 1	COL.214	COL.211	COL.212	COL.218	COL.213	COL.215
OPT. 2	COL.215	COL.202	COL.207	COL.205	COL.213	COL.210
OPT. 3	COL.215	COL.203	COL.206	COL.205	COL.236	COL.210

不同大小的波点。来自 Laura Fernández 为 Simorra 公司所做的设计，2008–2009 冬季系列。

色彩原理概述

色环是在平面中将色彩进行环状顺序排列，依据太阳光谱可见光线的强弱按规律排列。这种分类依据是色彩三原色（红、黄、蓝）的相互作用，三原色不能通过别的颜色混合成。这说明三原色具有极强的独立性，完全不像其他任何颜色那样可以调和获得。三原色混合后创造出了另外三个新的颜色（橙、绿和紫），称为二次色。

色环是一个非常实用的工具，运用这个工具你可以清楚地看到色彩之间的关系，尤其是补色（色环上位于相对位置的色彩），如黄色的补色是紫色。因此，在进行设计时，将这两种颜色进行搭配将获得醒目的视觉效果。

运用电脑进行作设计时，为确保显示器上所呈现的颜色与我们在设计中运用到服装上的颜色是否一致显得尤为必要。确保色彩的相对精准有许多方法，而最好的方法毫无疑问还是使用专门的计算机。

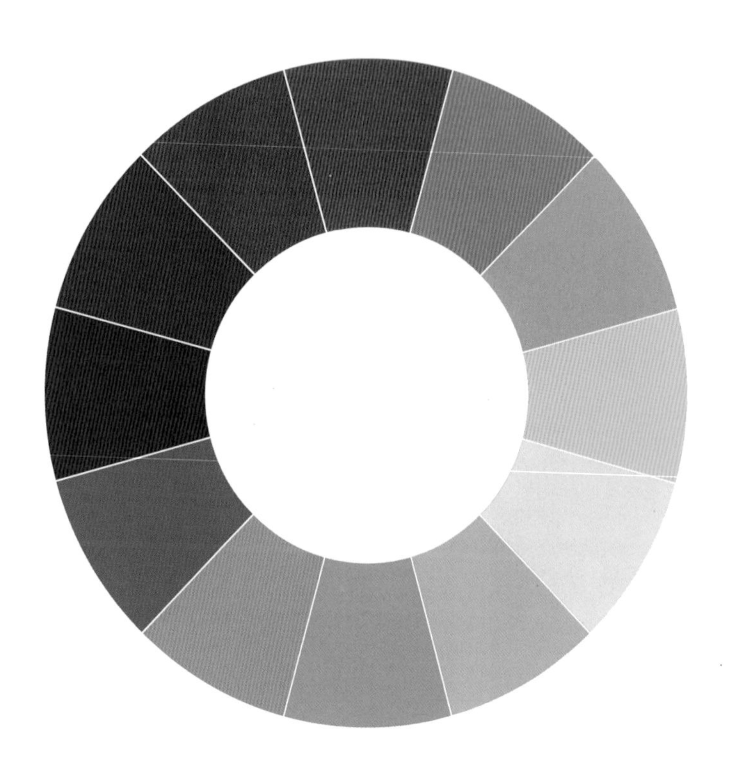

12 色相环，根据光线对色彩产生的影响而分割。

色调

混合不同比例的三原色、二次色会创造出新的混合色。根据色彩的相似性集合起来就形成了色调。暖色调由黄色、红色、赭石的混合色以及它们的衍生色棕色、橙色所形成，冷色调则由蓝色、紫色和绿色混合后形成。也可以加入白色使其变得更浅，加入灰色和蓝色变得更深。暖色和冷色的混合形成浊色，色调呈灰色，属于比较严肃、庄重的色彩。反过来，柔和的色调则多以白色为主导色。

协调与对比

在图案设计与色彩选择中，对比与协调是我们经常使用的两个要素。对比色能有效打破服装系列中色彩的单调和沉闷感。相反，协调色暗示的是宁静、优雅，反差较小。实现协调色调的配色，最有效的方法是选择色环上的邻近色和同类色进行搭配。同类色的使用可以包含不同明度渐变的 3 ～ 4 种邻近色。

此外，根据色彩的冷暖、明暗、互补、饱和度以及灰度来进行色彩搭配，可以有效地形成形式感。因此，当设计师在设计那种和谐且对比较弱的图案时，为确保色调呈现微妙细腻的对比关系，色彩之间的对比应做适度夸张。

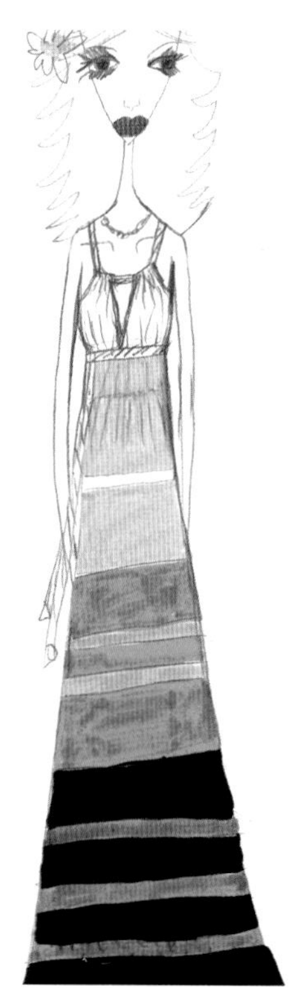

1-2-3. 不同季节的服装图案设计，色彩和图形扮演着主要角色。来自Ailanto公司。

4. 天真浪漫的花卉图案设计终稿，列出了所运用的色彩，可以印制在白色或其他任何底色上。来自La Casita de Wendy公司。

1

2

3

1. 这幅复古风格的丝绸手绘稿被用来作为系列创作主导色彩的色彩指南。

2–3. 波普灵感的花卉图案设计。面料上的不同色调变化以及拷贝纸上手绘的主要花型。Laura Fern ández 为 Giulio 公司设计。

4–5. 不同色调的迷彩印花。暖色调由邻近色组合而成，冷色调由对比色组合而成。Laura Fern ández 为 Giulio 公司设计。

4

5

纹样

纹样是对概念的平面化诠释，以单独样式或者以一定的组织形式排列。如果是循环花型，可以将其进行复制，直到布满整个面料。纹样的设计根据设计师的想象力可以包罗万象，丰富多彩。具备形式感的任何事物都可以通过不同的风格表现出来，无论是抽象的，还是极其写实的。

花卉纹样是服饰图案中运用最广泛的素材，几何纹样亦是如此。通过形式的组合以及色彩的变化可以创造出无穷无尽的作品。这些作品源自创造者的想象力，然后通过印染技术加以实现。

应用效果

织物图案设计可以改变人体的视觉效果，一方面，可以掩饰生理上的缺陷，使服装看上去更有活力，如裙装上的水平线、斜线或是垂直的线条图案可以改变体形轮廓，让穿着者看上去更胖、更瘦、更高或是更矮。另一方面，在一些特定的部位使用图案，可以有效地分散对服装某些部位的注意力，因此，当设计师需要强调或者弱化人体的某个部位时，可以充分利用图案的这个功能。

1.T 恤上的定位黑白印花图案。来自 Laura Fernández。

2–3. 年轻男士服装系列，经典效果的黑白图案。

4–5. 光学效果图案设计，由同心圆外轮廓线和波浪线组成。

1

LIONS FOOTBALL
ASSOCIATION

2

3
GLACIER
Largest
Switzerland.

3

4

5

1–2. 同样的背景线条因其上叠加了不同的图案而获得不同的视觉重点。如上图由照片和绘稿组合而成，其线条与由兰花组成的下图相比更纤弱。来自 RafaMollar。

3. 运用于面料上的花卉图案设计，色调淡雅（WGSN）。

确定创意

在服装系列成形之前，设计师需要在艺术概念的形式上下很大功夫，因为艺术概念支撑了整个设计系列，并为其增值。这需要设计师将他们的知识、直觉、感性以及通过不同渠道和方式获得的资讯付诸于实践，直至获得他们想要传达的理念。

如今创意变得越来越重要，因为产品的价格竞争已不是可行之策，品质和设计成为服装产品最重要的特征。服装公司需要创立自己品牌和风格，使自己独树一帜，而实现这一点需要设计师的创意。正因为如此，在系列设计开始之前，需要从灵感源中确定一种思路，涵盖设计的内容、色彩范围以及肌理，使整个设计可以统一而整体，并与设计师构想的概念与故事串联起来。

对创意过程来说，比较便捷的起点是将设计师脑海中迸发出来的创意记录下来，考虑每个主题可允许的各种可能性、原创性以及多样性，特别是终端消费者的情况——服装最终的穿着者。绘稿是达到概念核心的最佳起点，随着绘制的深入，图案的面貌已经确立，设计师可以进一步开始上色并添加面料小样，使整个设计想法的表达趋于完整。

1-2. 每个图案设计都来自于原创的想法：抽象构成的动物装饰图案、上层社会名流的生活场景。来自Basso&Brooke公司。

3-4-5-6. Hanna Werning设计的著名的花朵和动物图案，Eastpak公司将其运用于双肩包的图案设计，2005年系列。

Name: GRASSHOPPER LUCK
Eastpak
January 2004
Hanna Werning
Spring Street Studio
Stockholm / London
3

EASTPAK
4

FISHPOND FLUSH
Eastpak
14 February 2005
Hanna Werning
Spring Street Studio
Stockholm / London
www.byhanna.com
hello@byhanna.com
5

Name: OCEAN STAR
Eastpak
3 January 2004
Hanna Werning
Spring Street Studio
Stockholm / London
6

有时候，纺织品设计师的作品超越极致，客户追求的仅仅是他的个人风格。图为著名漫画家 Hanna Werning 为 House of Dagmar 和 Anna Sui 等女装设计公司创作的图案。

设计的系列开发

一旦设计师所服务的企业或者客户类型明确地确定下来，并完成了设计调研，设计师就有了一个可以完整叙述的故事。最终的创意将转化成设计系列，系列作品表达了设计师的灵感来源、项目主题和设计意图。成功地开发一个系列设计作品，设计师必须具备创意、大胆、批判的态度、好奇心、综合能力、灵活性、创新精神、艺术审美，当然还需要技术知识和对原材料的认识。

设计的理念不仅要体现在单件作品中，同时要使整个系列统一、紧凑，这一点是必须做到的。款式、色彩、相似图案的使用以及制作是服装系列中重要的因素，通过系统的方法实现这些要素有助于整个系列获得统一感和凝聚力。

系列服装图案设计需要记住两点：一是整体性，作品间应具有明确的关联性；另一个是个体性，每一个单独款式的图案都应有自己的个性。在整个系列在"讲述"一个故事时，单个的图案也应该有自己的语言，创造一个独特的世界；在这里，个体与整体的关系，就如"全家"与"成员"的关系，是从不同的角度来共同塑造和表现整体的设计主题。花型的变化必须以整个系列的统一为前提，通过色彩增加活力。

此外，设计师在对花型作出变化时，可以采用同一种风格进行绘制，使整个系列格调一致。但要注意分寸，确保作品的理念因此而得以加强，而不是淹没在无穷无尽的设计变化中。

1. 连衣裙图案设计中的色彩和线条反映了设计师Miriam Ocariz设计系列的全球概念。

2.Miriam Ocariz设计的连衣裙和外套图案。

3.2007春夏系列运用了Miriam Ocariz的图案设计，色彩和手绘的线条再次呈现出来，成为该设计师设计系列的特色。

niña de pelo largo
Bailarina amada

tul plumeti
CAN-CAN +
+
VESTIDO ESTAMPADO
1

1-2-3. 丝网印设计稿（见第 98 页）从手绘到服装，到最后的 T 台秀的演变，关键的是要保持它们的统一感。来自 Miriam Ocariz。

传统表现技法与计算机表现技法

设计师很少会限定自己只使用一种技法来进行设计表现。设计师掌握的技法越多，也意味着实现设计理念的可能性越大。在系列中成功地表达设计理念，取决于设计师对不同技法的优势与局限性的理解与把握。技法可以分为传统表现技法与计算机表现技法两类。传统技法需要运用的材料有：墨水、水彩、水粉和丙烯，包括使用笔刷或者海绵。这种类型还包括我们俗称的“干技法”的材料，如铅笔和色粉笔，还有油性颜料（油画颜料和油画棒）。

传统的表现技法还包括拼贴，通过使用剪贴照片、画稿和有质感的材料获得新颖的效果。最后还有一种在绘画中经常使用的喷绘技法，它是将颜料运用喷枪或是海绵作为媒介完成图案表现。

基于电脑的计算机表现技法是通过使用特定的电脑程序对图片进行加工处理。借助这个工具，可以采取手绘与电脑结合的方式，也可以完全用电脑进行创作。如果是手绘与电脑结合，首先采用传统技法绘制初稿，随后将其扫描至电脑，转换成数码文件，再利用 Photoshop 之类的软件进行润色与修整。最后这个步骤可以对作品的色彩与尺寸进行调整。利用 Photoshop 软件也可以对不同来源的图片进行拼贴处理。如果是全部采用电脑绘制，则创作的作品全部是直接在电脑上完成的，可以使用的软件有 Adobe Illustrator 等。

如今，几乎所有的设计师都会将传统表现技法与计算机表现技法相结合来进行创作，通常的设计工作程序是从扫描图片或是照片开始，然后对其进行电脑处理并实现最终想要的设计效果。

传统技法综合运用的不同构图方式。

1. 综合使用传统技法制作的样品：水粉画、模版以及拼贴。来自 Sisters Gulassa 公司。

2. 将不同的面料叠加，再像剪纸一样将图案剪下来进行拼贴。来自 Sisters Gulassa 公司。

3. 用水彩完成的设计稿。来自 Sisters Gulassa 公司。

4. 用水粉完成的灵感来源于花卉的图案设计。来自 Sisters Gulassa 公司。

2

3

4

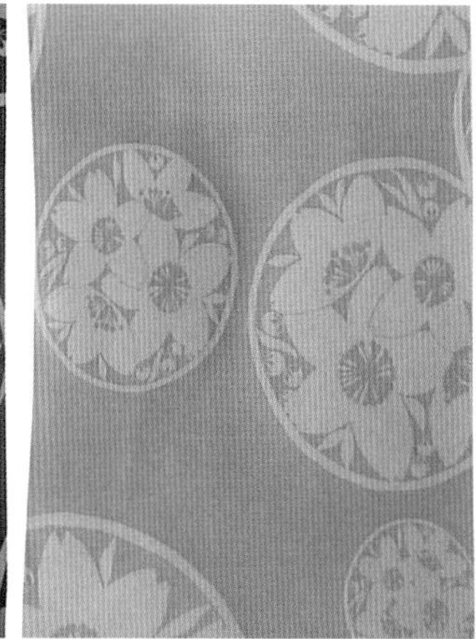

电脑和传统技法综合运用的不同构图方式。

1. 运用电脑处理的不同色调的花形构成。来自 Sisters Gulassa 公司。

2. 纸张上进行丝网印的不同样品，来自 Sisters Gulassa 公司。

3. 不同案例展示了电脑和传统技法综合运用而获得的极具魅力的效果。

1-2-3-4. 运用电脑完成的水彩风格图案，Laura Fernández 为 Simorra 公司设计的作品。在扫描和处理图像之后，将其放大成 149cm × 118cm 的尺寸。

5-6. 花鸟图案的花边手绘稿。设计稿完成后，用黑铅笔将轮廓描出来，随后在透明纸上利用彩铅确定色彩。将两个稿件扫描，并制作成一个带有两个图层的文件，一个是线条图层，另一个是色彩图层。将这个图案发送至印度，并在丝质绸缎上用手工进行马尼拉风格的刺绣。

拼贴

设计师为了最大程度地表现出设计作品的创意性，需对各种表现方法加以探索，而拼贴是一个很好的表现手法，它可以激发设计师的创意。拼贴法将不同元素的图片统一于一个整体的画面中，在设计师的精心制作下，使每一种工艺和风格都能有效传达。拼贴包括将剪切下来的图片、线和面料在纸上进行的拼贴，也可以是在电脑上对照片和画稿进行合成的拼贴。

拼贴法在开始确定创意的时候非常有用，以头脑风暴式的表现手段，让设计师在最初的创意设想中较直观地看到面料、色彩和设计主题的统一表现。同时，拼贴所呈现的设计表现，也是设计师与客户之间方案沟通的极佳方式。

1–2. Miriam Ocariz 利用各种技法和材料制作的拼贴作品。

3–4–5–6. 设计稿和刺绣样品，通过不同的面料、各种材料和不同的针缝线迹拼贴而成的作品，Maria José Lleonar 为 Simorra 公司所做的设计。

7–8. 具有万花筒效果的摄影作品拼贴，来自 La Casita de Wendy 公司。

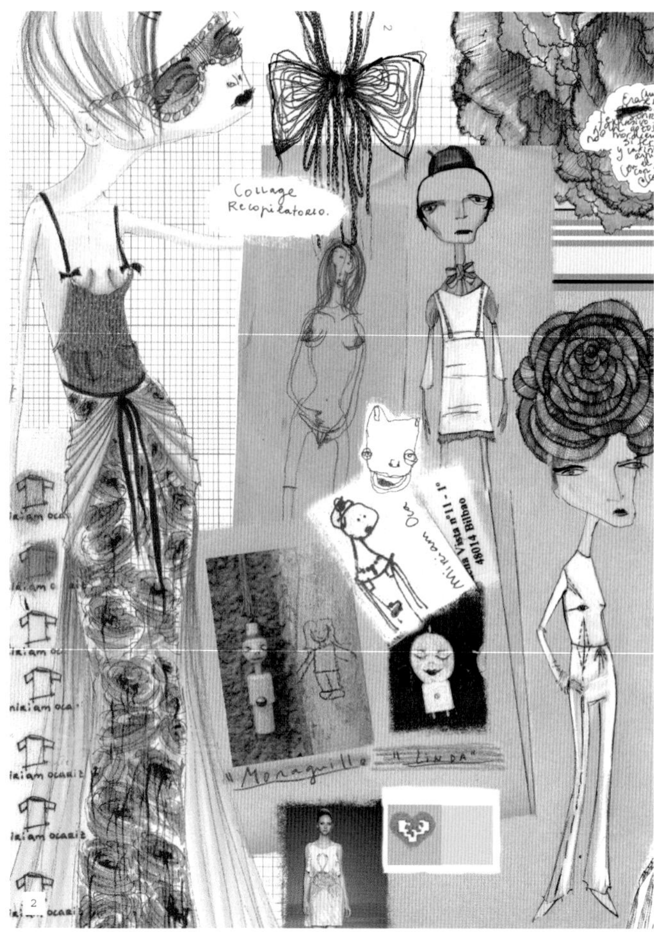

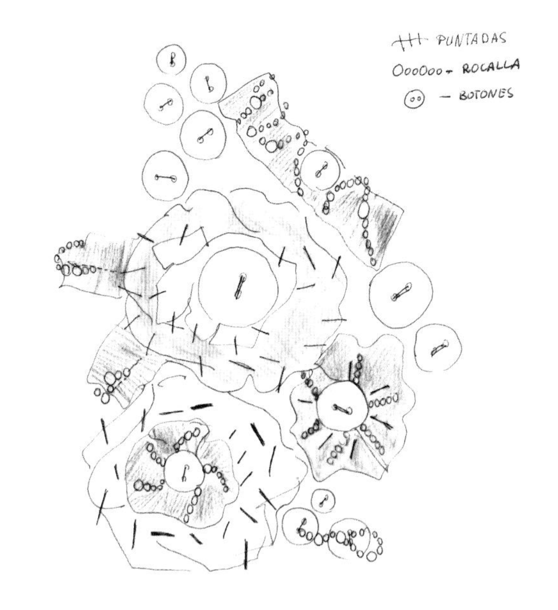

3

4

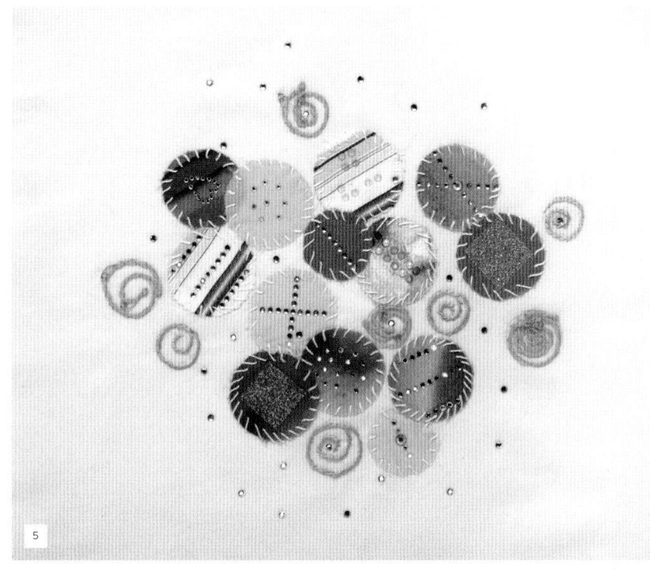
5

6

7

8

从创意到成品——工艺过程

设计表达

向生产商传达你的设计作品，需要设计师使用通俗易懂的语言描述设计的各部分内容，实现从理念向最终成品的转化。在进入生产程序之前，供应商根据设计师的要求提供服装原型或样衣中使用的面料样品。这些样品随后将进行一系列的修改和处理，如色彩、牢度等，直到获得满意的结果。这样，设计师即设定了一个机制，确保设计做好大规模生产前的准备，将设计稿的套色分色，需要的话还要进行栅格化处理，如果纹样是循环的，将它们接版。在其他情况下，设计师可能要身兼数职：准备好设计作品的电子稿以及进入生产程序所需的详细的工艺表。

因此，设计师需了解产品的生产工艺，即行业内提供的不同的印制工序。同时，设计师应该及时了解最新的面料处理的各种方法，如不同工序中使用的染料和原材料，因为所有这些因素将影响最终成品的手感和外观效果。除了个人创作外，设计师还可以去一些特殊场所为服装选择面料，如国际纺织展会或是专业的设计中心。在那里，设计师可以买到原创的设计，有手绘的，有在面料或者纸上制作的，有刺绣的、染的或者电脑制作的，所有这些都可以直接投入生产。而有时，设计师只是通过展会来购买一个设计概念，设计师还需负责接下来的工艺生产问题。

最后，还有一个方法就是购买现货面料，由负责面料开发与生产的公司提供，这样可以直接进入生产程序。

1. 印花图案的细节和其在最终服装上的位置，以此向客户展示设计想法。来自Laura Fernández。

2. 最终的图案在服装上的大体效果。

3-4-5. 丝网印套色分色处理的工艺图。色彩的分离为设计稿的工艺实现做好准备，这样才能投入到工业生产。

6. 用于刺绣的分色稿。

3 PRINT 2brown

4 PRINT 1 BACK

5 PRINT 3pink

6 EMBROIDERY

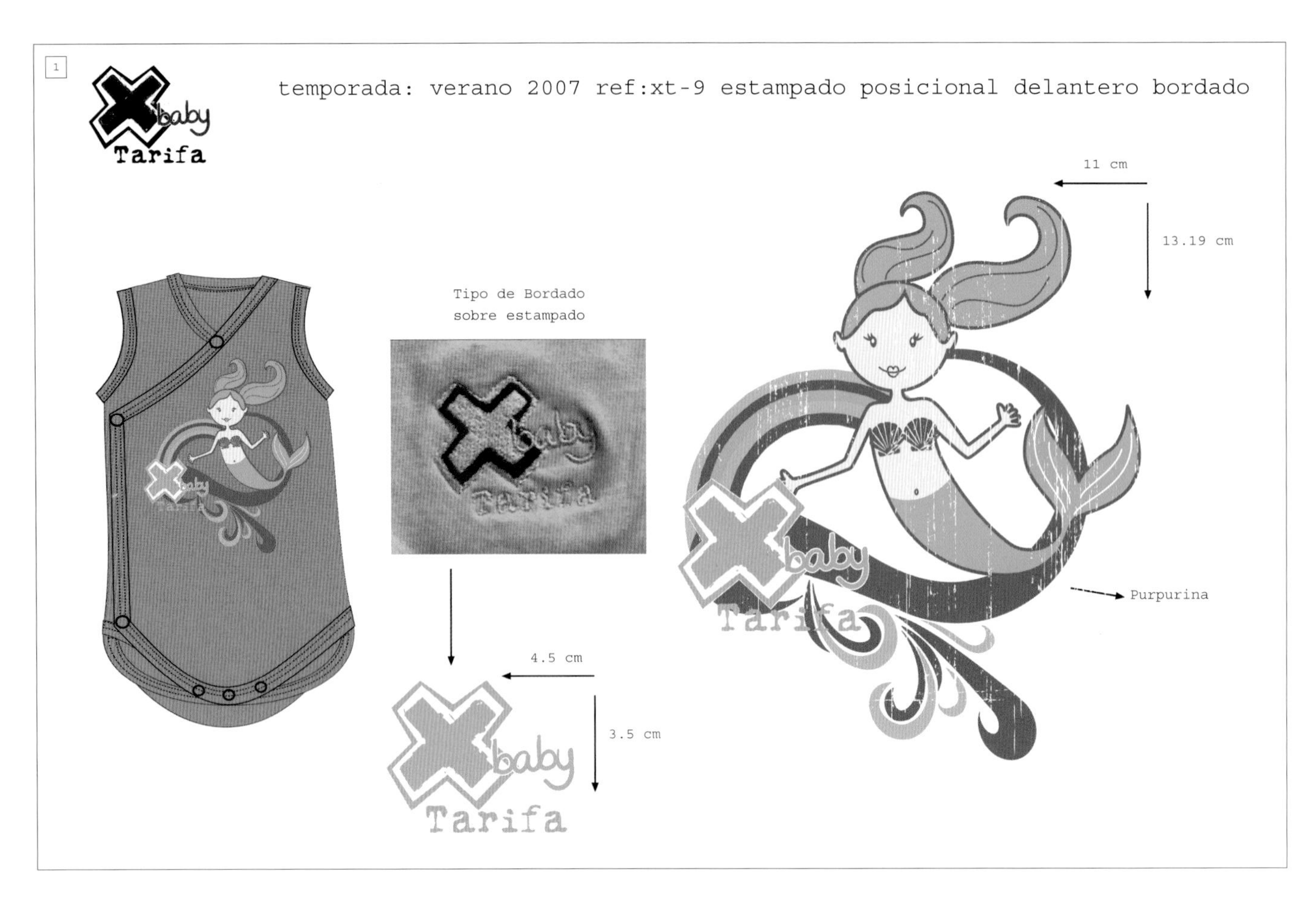
1
baby
Tarifa
temporada: verano 2007 ref:xt-9 estampado posicional delantero bordado
11 cm
13.19 cm
Tipo de Bordado
sobre estampado
Purpurina
4.5 cm
3.5 cm

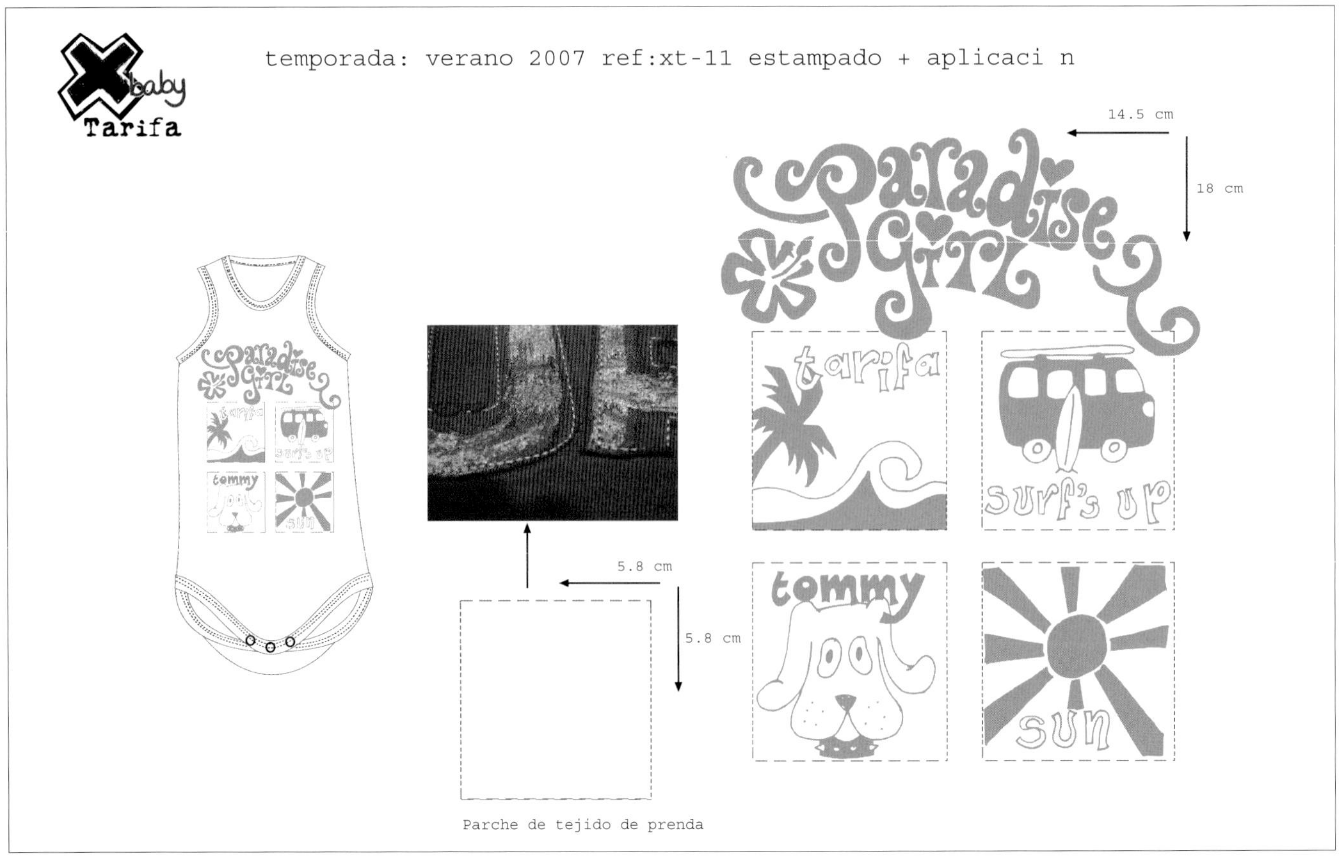
baby
Tarifa
temporada: verano 2007 ref:xt-11 estampado + aplicaci n
14.5 cm
18 cm
Paradise Girl
tarifa
surf's up
tommy
sun
5.8 cm
5.8 cm
Parche de tejido de prenda

2

3

1. 工艺单包括图案的位置和运用的形式。Laura Fernández为Xbaby公司所做的设计，2007春夏系列。

2-3-4-5. 设计师Ligia Unanue制作的独一无二的服装样衣，运用了手工缝制、手绘、手工装饰等手法。利用这些样衣向专门推出婴儿服装的商业公司介绍其产品系列。

4

5

定位花型和循环花型

图案在服装中的应用有两种形式：一种是定位花型，将图案置于服装上的某个特定部位，一种是循环花型，通过设计单元的不断重复，使图案铺满整个服装。

定位花型是在已经裁好的衣片或者成品服装上进行的。这种类型的工序需要设计师在工艺表上标明花型所在的精确位置。实现的工艺手段包括丝网印、热烫印或是热转移、刺绣。丝网印首先需要分色，然后将色彩印制于丝网模板上，而转移印花则借助乙烯基将设计稿转移，随后通过加热印制于服装上。

如今，在服装界这些设计类型都非常普遍，很多设计公司都开发出设计稿对服装进行装饰。过去，定位花型仅常见于服装上的徽章和商标，或是有纪念意义的T恤。循环花型，或称满地花，常通过滚筒工艺来实现，它是通过刻好图案的滚筒对面料进行滚压而完成的，每只花筒只完成图案中的一套色。

另一种实现循环花型的方法是使用平面丝网工艺，图案需通过丝网框的上下衔接来实现图案的对接而完成图案的循环。如果想运用丝网印工艺，需考虑到面料的幅宽与图案的尺寸相吻合，这样才能获得最好的纹样效果。想要达到这个效果，可使用那些专业的电脑软件来辅助完成。

1. 定位花T恤工艺单。Ximena Topolansky为Strongh Enough公司所做的设计。

2. 循环花型T恤工艺单，XimenaTopolansky为Strongh Enough公司所做的设计。

3-4-5. 将古典花型扫描，再根据照片进行描绘，获得维多利亚风格的线稿，对其进行色彩填充形成主花型，同一花型向四周重复形成循环花型。来自Giulio公司。

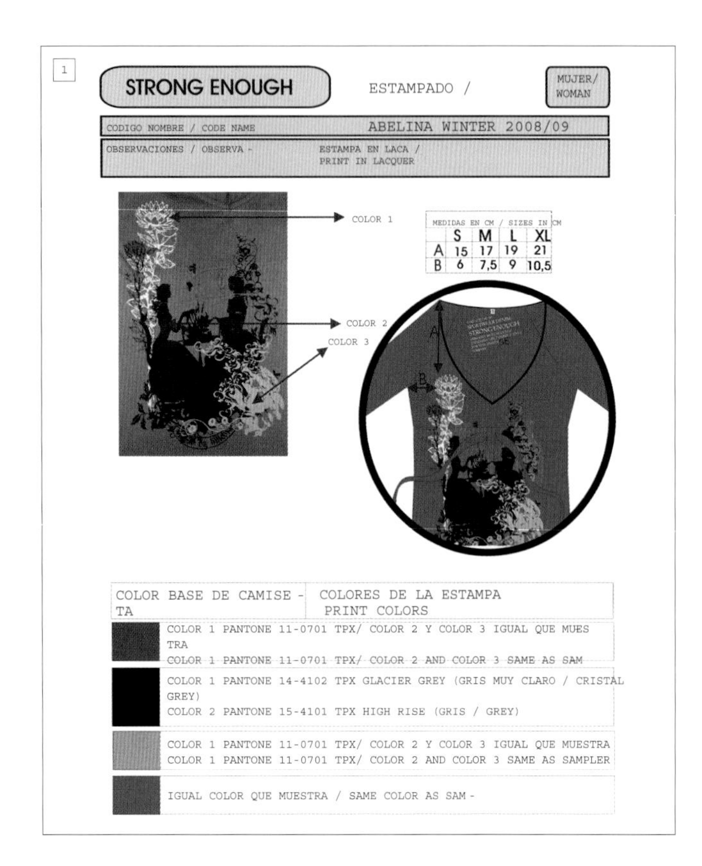

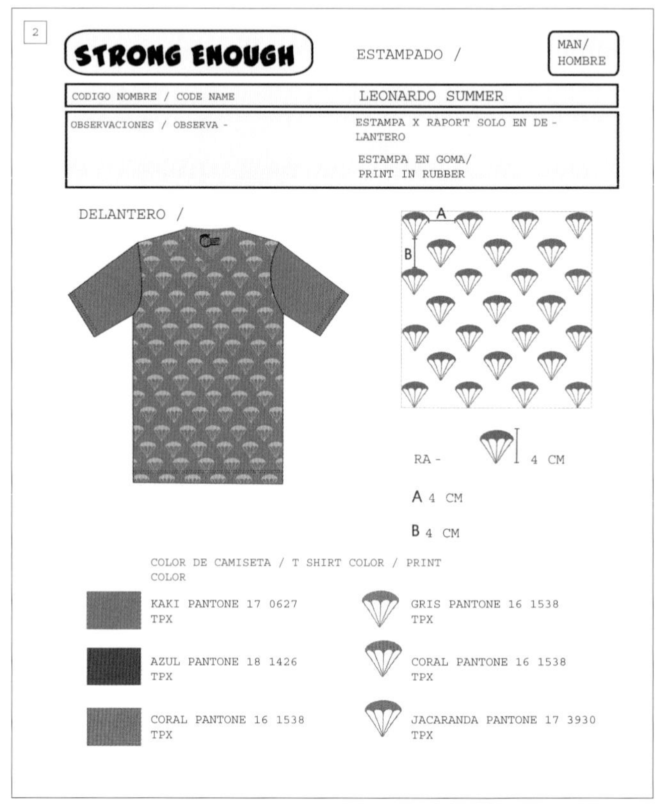

3

5

4

1.Javier Nanclares的设计想法笔记本，用复印稿、主题花型的照片和干花拼贴而成。

2. 签字笔绘制，用黑线条画出花型。

3. 彩色铅笔绘制出花瓣内部，其表现是单独完成的，创造出交织的纹理。

4. 将设计稿 2 和 3 扫描好后，在电脑里将它们组织排列，形成连续纹样。

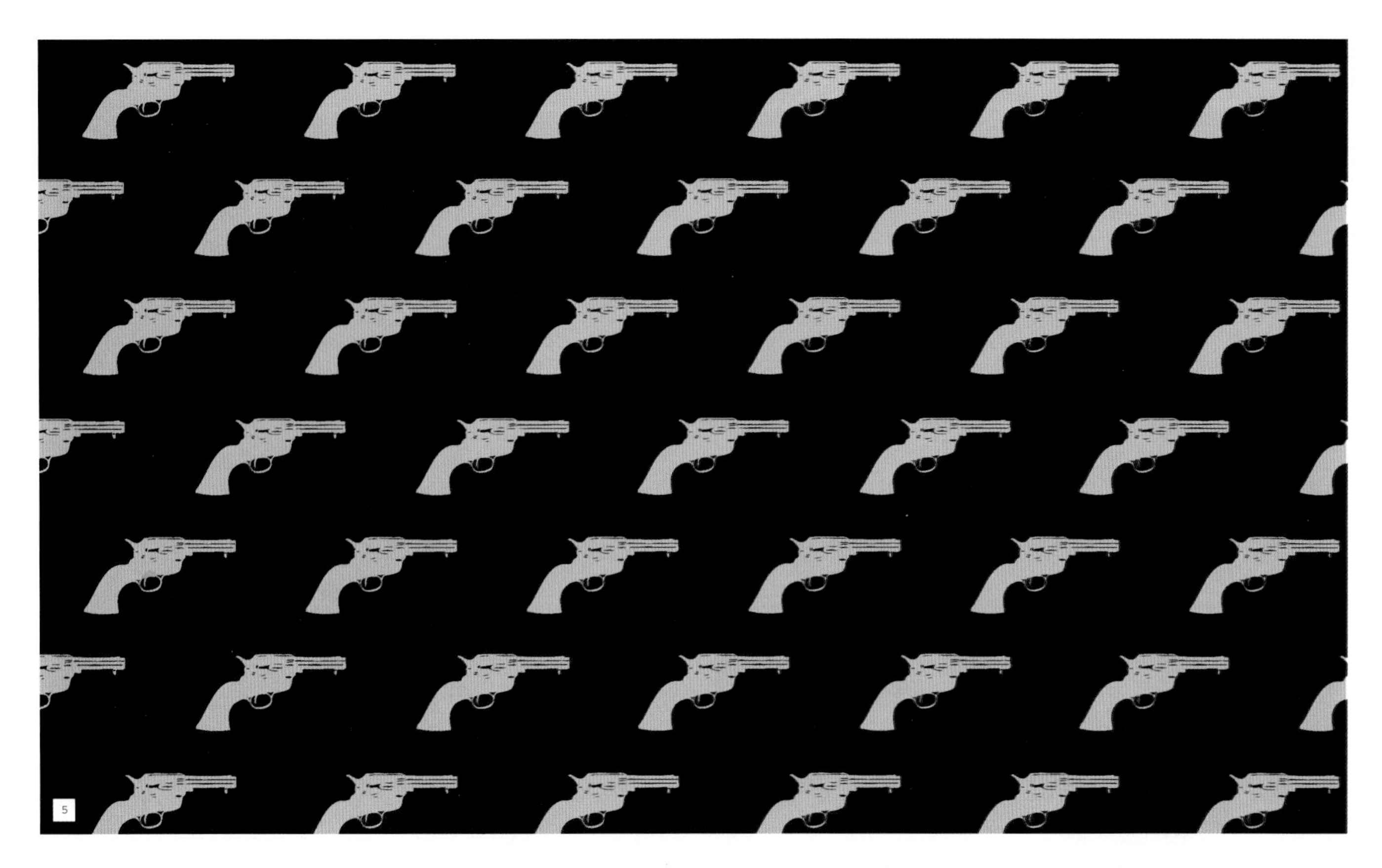

5.Laura Fernández 为 Giulio 公司设计的男士内衣上的循环花型。

6. 男士内衣上的定位花，图案的灵感源自徽章， Giulio 公司提供。

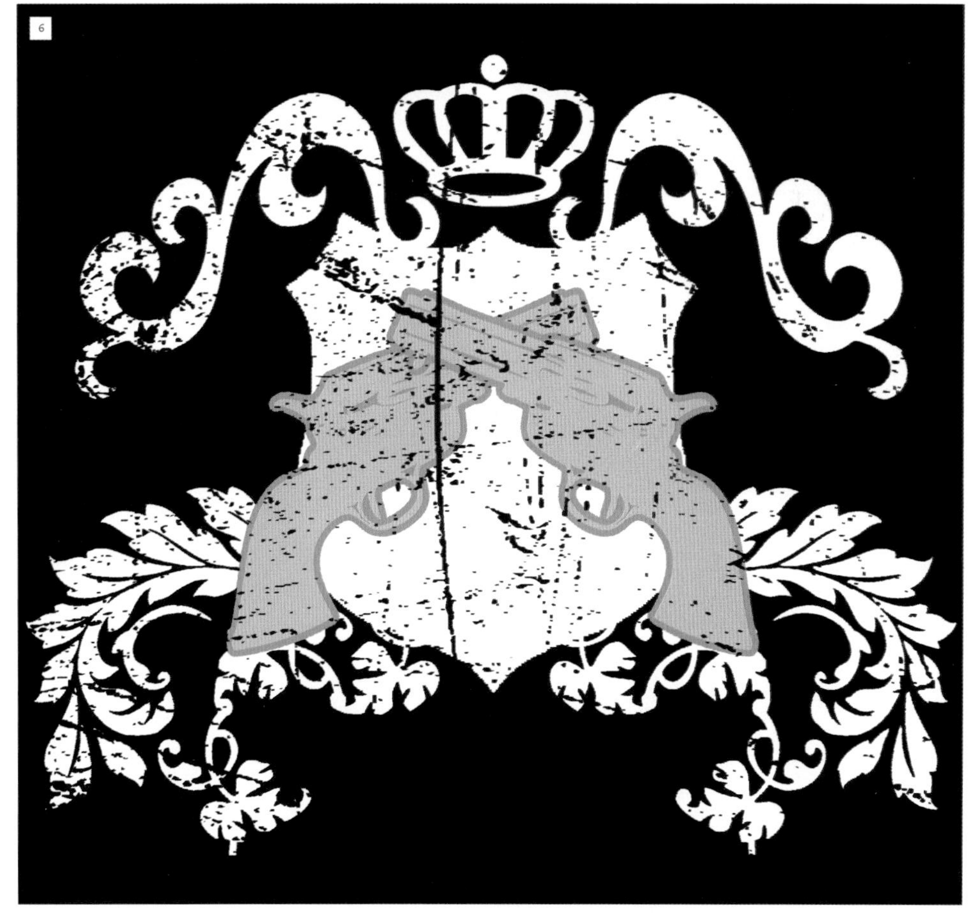

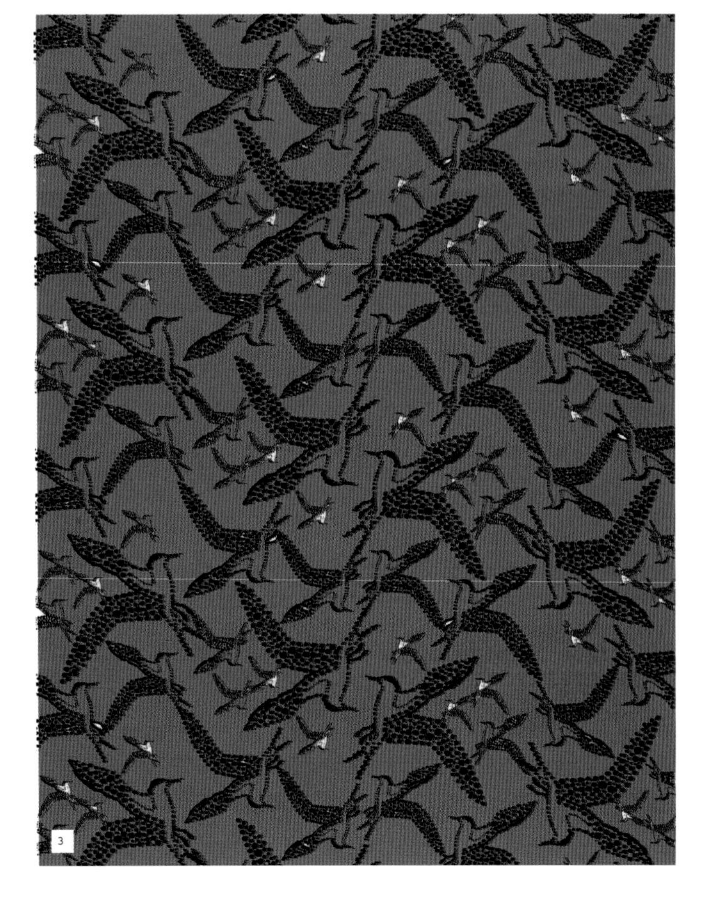

1-2-3. Paola Ivana Suhonen 设计的三张作品源自同一灵感（动物），将其运用于服装上的循环花型。

4-5-6-7. 小鹿斑比的同一主题开发出不同的图案。底层的菱形图案为循环样式，花型周围的花边是定位花。由 Paola IvanaSuhonen 设计，2008 春夏系列。

4

5

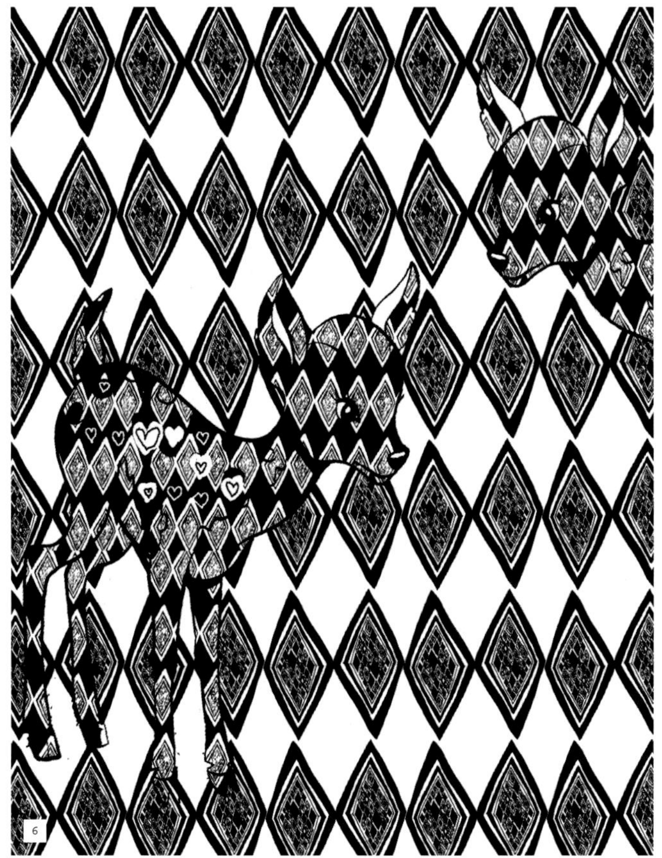

6

7

循环花型设计

循环花型设计是指将一个图案的基本元素通过不停地重复排列而获得的图案设计，换言之，它是一个四方连续纹样，图案的基本单元在面料上朝各个方向延伸，这种组织形式通过特殊的设计单元来实现，然后经过重新排列获得最佳的循环设计。

有很多种方法可以实现循环花型设计，目前最常用的还是通过电脑软件来实现。这种方法是先将图案的基本单元置于电脑文档页面的中心，然后进行复制并进行左右排列，排列成斜线的图形。下一步是在中心线上下复制这一斜线图形，这样就形成了一个图案单元（花型复制了9次），为实现四方连续纹样奠定了基础。

1

2

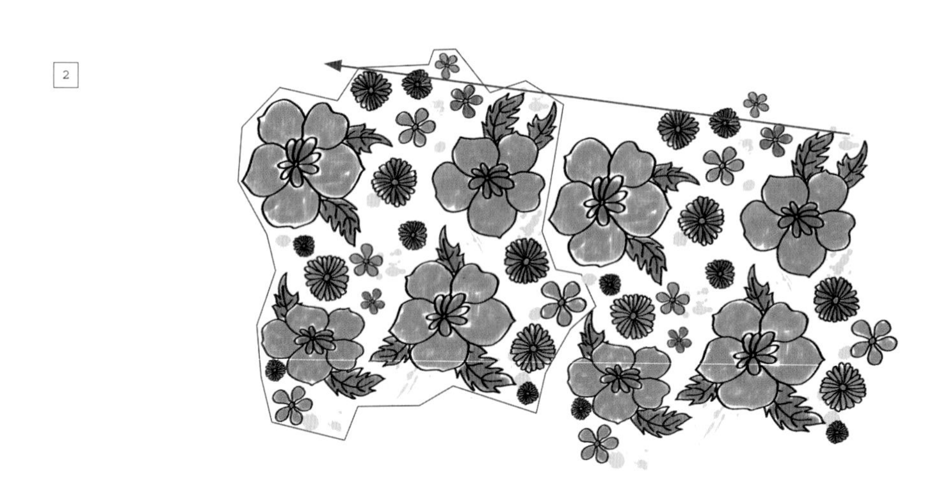

3

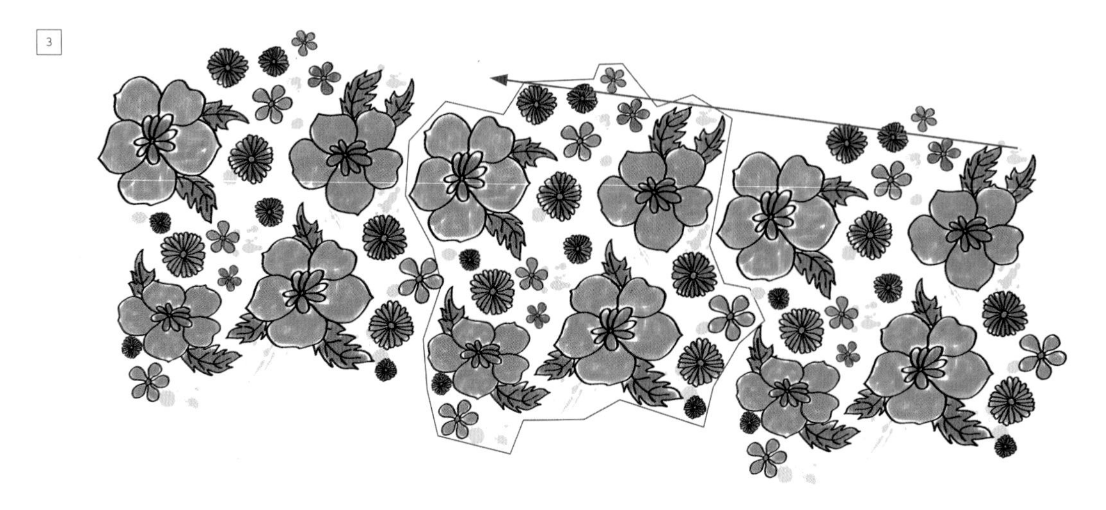

4

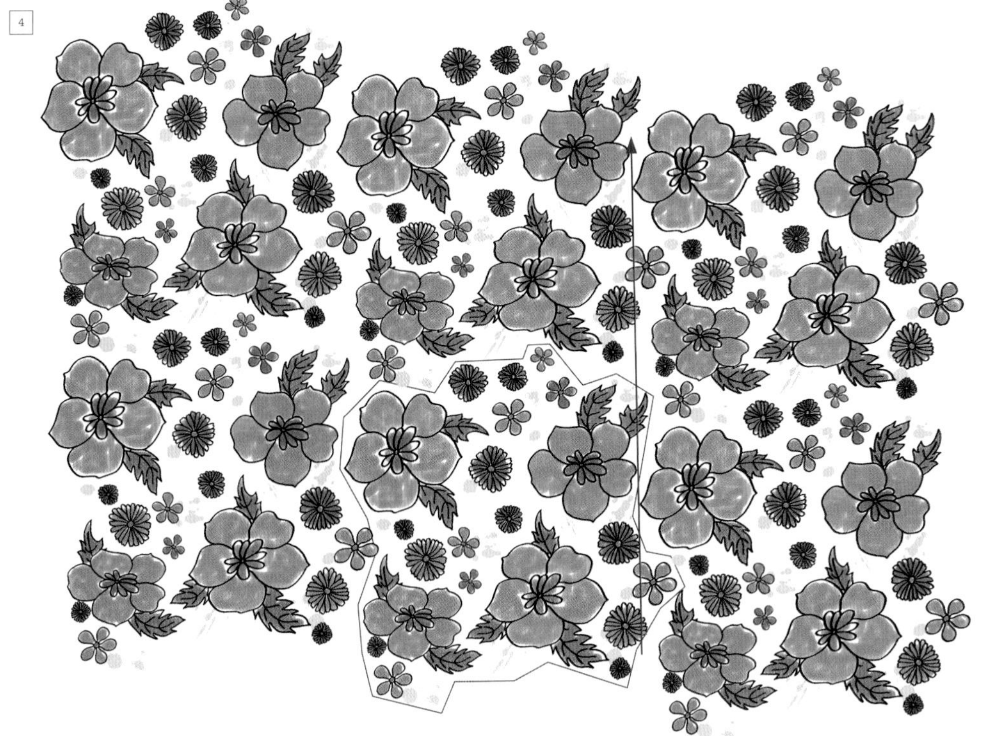

5

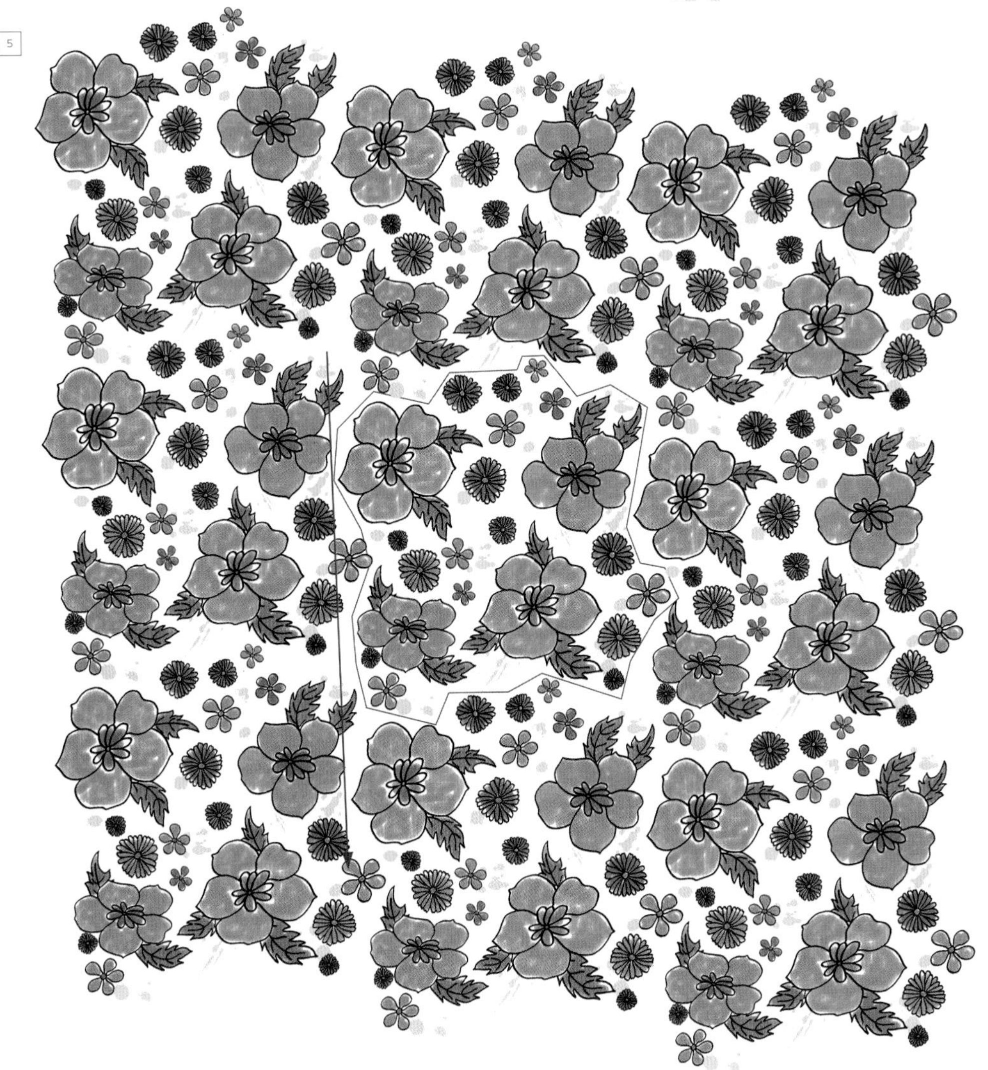

1. 手绘的基础图案。

2. 将基础图案扫描后，从右边斜线重复基础图案，使构图有节奏感。

3. 向左边重复此操作，直至 3 个花型形成一条斜线。

4. 将 3 个花型的斜线向上复制。

5. 将 3 个花型的斜线向下复制，这样整个花型设计即告完成。

工艺

设计师无论是通过手工制作还是计算机技术，在面料上实现图案的方法多种多样。事实上，任何一个图案，不论是手绘稿还是摄影照片，都可以通过特定的工艺程序实现于面料之上。需要注意的是，最终的结果在视觉效果上可能会与设计稿有些差异。

最常用的工艺是丝网印，特别适合用来表现平涂或者点状的色彩，这种工艺所呈现出的色彩与肌理效果千差万别。

另一种常见的工艺是刺绣，它因无穷的线迹变化与技法的不同而呈现出丰富的视觉效果。刺绣包括手绣和机绣。机绣是指电脑程序根据设计师预先设计的图稿实施一系列的动作，完成图案设计。

还有一个最常用的工艺是数码印花，它是将图像信息转移到喷墨打印机上，可以实现各种类型的图形，清晰度非常高。数码印花优越于传统印花技法的地方是它可以直接将设计图稿转换在面料上，不用准备任何丝网或是模板。数码印花是循环印花中最常用的工艺。选择何种工艺取决于设计师想要追求的面料效果，而往往多种工艺的组合应用所实现的效果最佳。

1–2. 丝网印和真丝雪纺上的亮片刺绣图案是同一个图案。

1

2

3

3. 准备印制在最终服装上的原创动物图案画稿。由 Miriam Ocariz 设计，2008 春夏系列。

1. 在油布纸上手绘的原创图案。

2. 纸上平板印刷。

3. 电脑处理图案。

4. 真丝雪纺手绢，电脑压印，由 Javier Nanclares 设计。

3

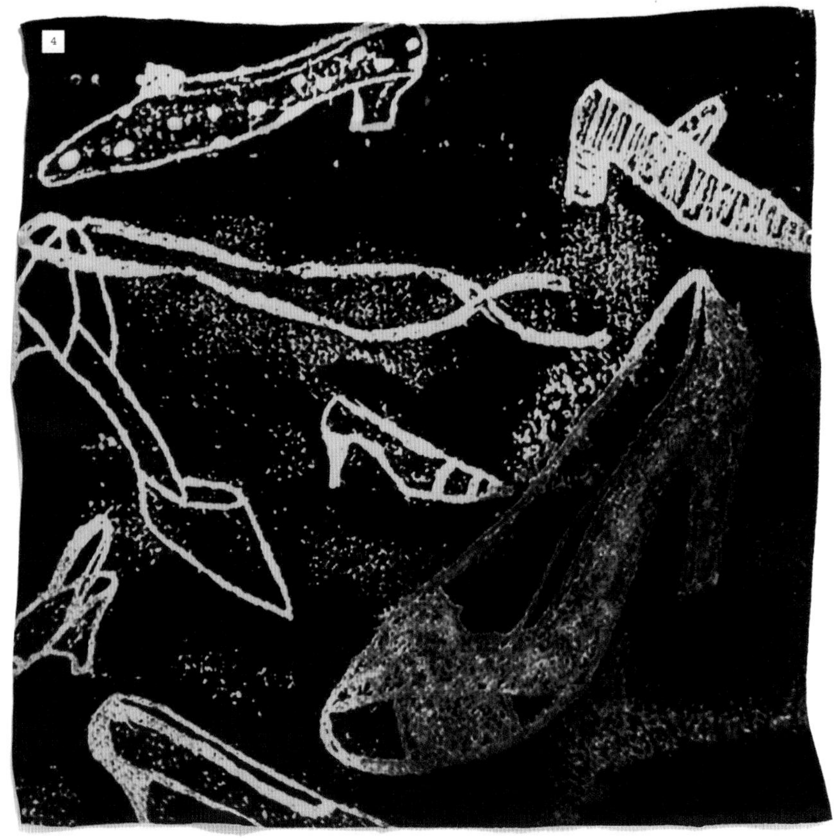

4

设计在面料上的应用效果——最终成品

原材料

为了在客户所选择的面料上获得最佳图案效果，或者凸显面料的图案设计，设计师必须对原材料知识了如指掌。目前，对新材料的不断研究以及受市场的需求所驱动，使得纺织产业成为最有活力和变化速度最快的领域之一。其中，最重要的革新技术围绕新型纤维、膜剂、加工与处理技术这些领域进行，生物技术和纳米技术的使用使纺织品原材料获得了很多功能性的特征。

除了面料在技术方面的特征，设计师必须关注其产品目标市场所出现的趋势与动态。如随着环保意识的日渐增强，更多的设计师和品牌会在制衣过程中选择使用可持续性面料。面料的名称反映的是纱线织造的方法，而不是体现它们的纤维成分。起初，一些面料名称只与所用的纤维有关，如塔夫绸或是色丁——由蚕丝制成；斜纹布——一种以前仅限于用羊毛面料；牛仔布——最初仅用棉织造而成的面料。而如今，织造商们尼龙织造塔夫绸，用棉织造色丁，真丝织造斜纹布，混合纤维织造牛仔。

普通的织物——称为平纹织物或塔夫绸，是由垂直和水平的纱线织造而成的，以纵向的经线，横向的纬线，环环相扣穿梭。

其他平纹织物还包括交织和有凹槽的。交叉结构的面料特点非常明显，由两股经线和一根纬线交替织成十分明显的对角线。斜纹布、华达呢和牛仔面料都有这种效果。

色丁的质地往往比交织结构的面料更为细密，但其主要特征是光滑度和挺括性。色丁是将几根经线以最小的交织方式穿过几根纬线而得到其柔软表面；光的反射在纱线上产生其特有的光泽。色丁中最有名的是绉缎、真丝缎和锦缎。

妆花和提花是在面料上织造图案的两种方法，如织锦缎，而面料上有绒毛的织物，如天鹅绒、毛毡、灯芯绒和长毛绒，是平纹织物与丝线的结合，利用丝线将经线或纬线上多余的纱线提起来在面料上形成毛圈织造而成。长毛绒的线圈不剪断，而天鹅绒的则需要剪断。

还有一些织物并非梭织结构，利用机械、化学或热能的方法，辅助使用溶剂，或者前几种方法综合使用，将纤维融合或者交织而形成面料。

因不同的纤维和经纬的变化以及面料后整理的不同，图案的效果千差万别。同样的图案在一块精细透明的薄纱上或是一块不透明且质地较厚的面料上，其效果大不相同，后者的色彩要鲜艳和明亮得多，如色丁。即使是真丝面料，且用同家公司的同种染料印制，效果也会因面料的透明度、质地和亮度不同而产生不同的效果。正因如此，深入了解面料的纤维显得十分重要，并了解他们对图案以及最终成品所产生的影响。参见第 80、81 页的表格所列出的纺织行业所运用的不同纤维。

1

同一图案被运用在不同材料的服装上：真丝（1）、巴厘纱（2）、色丁（3）。

2

3

最初，可以说任何面料都适合于印花、贴花、刺绣来进行装饰。如果面料只是作为设计初稿的底布，它们的组织结构都没有问题。然而，在随后的设计中，根据设计师所追求的何种效果，对面料的正确选择至关重要。

对于更加复杂的手工艺术，如蜡染工艺，最常用的是棉或真丝面料。对于手绘，最常用见的是在真丝上手绘，然而运用其他材料或工艺获得非同寻常且十分有创意的作品也很常见。

丝网印花，与缝制、刺绣和贴花等装饰手法一样是对面料表面进行处理的工艺，几乎适合于各种材料。而现如今，针织面料和平纹细布可以使用转移印花或其他印花工艺，因为现在的染料的染液非常有弹性，渗透性更强。只有在使用热升华印花和烂花工艺的情况下，面料才要求是 100% 的涤纶成分。

4. Miriam Ocariz 公司的原创花稿，2008/2009 秋冬系列。

5. 面料的克重和肌理使图案设计呈现新的维度。

纤维

源自自然物的纤维有植物纤维（由纤维素构成）或动物纤维（由蛋白质构成）。

而化学纤维为人造纤维，由天然聚合物（如纤维素）或合成纤维的转化而形成，合成纤维是通过工业化的方式从石油提取物中获得聚合物，然后加工而成。

1. 图中展示了服装样衣所选择的面料，来自于 Syngman Cucala 的设计系列。

2. 图案运用于高级纤维构成的面料上，色彩效果因此更加别致（WGSN）。

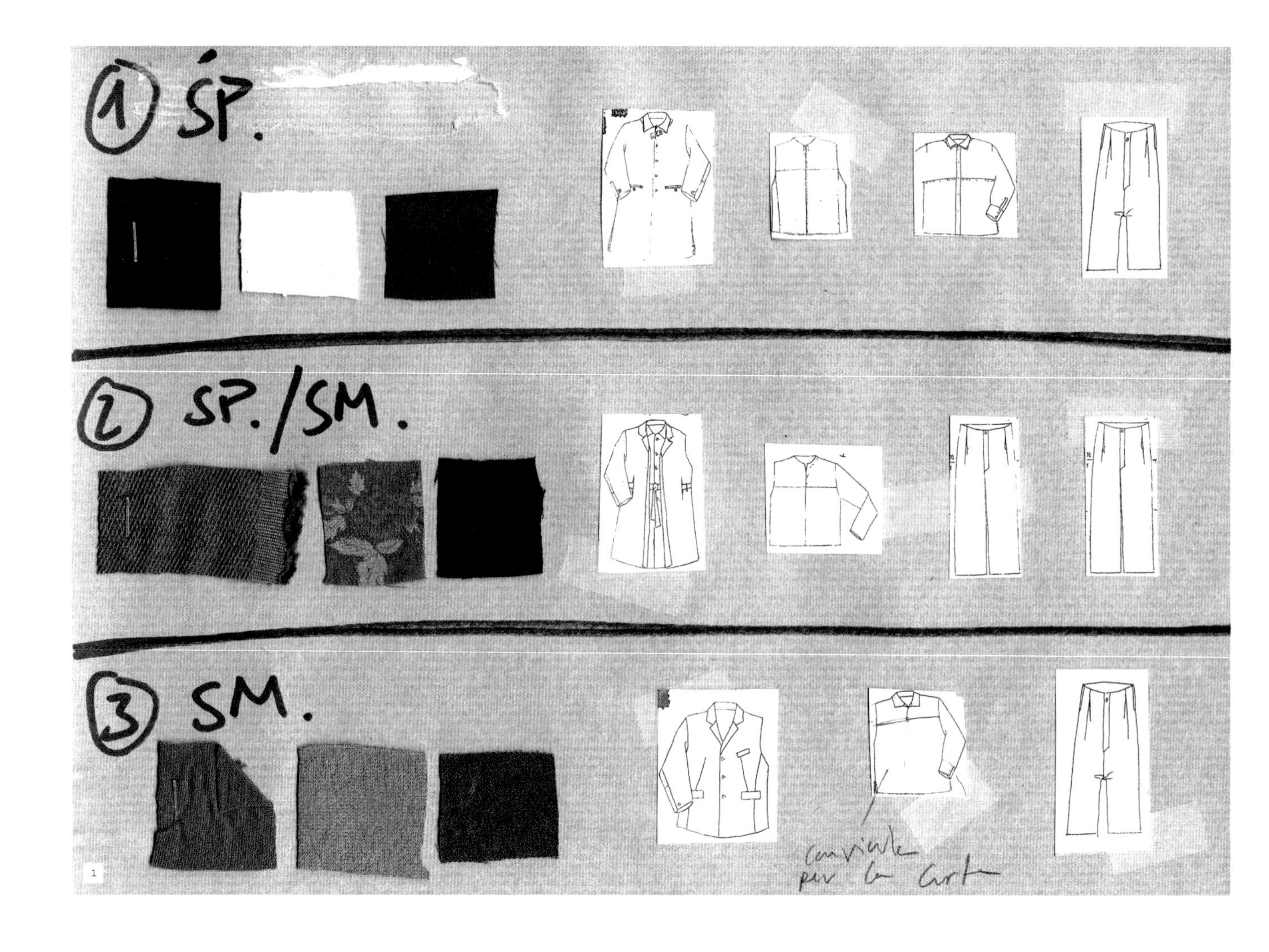

2

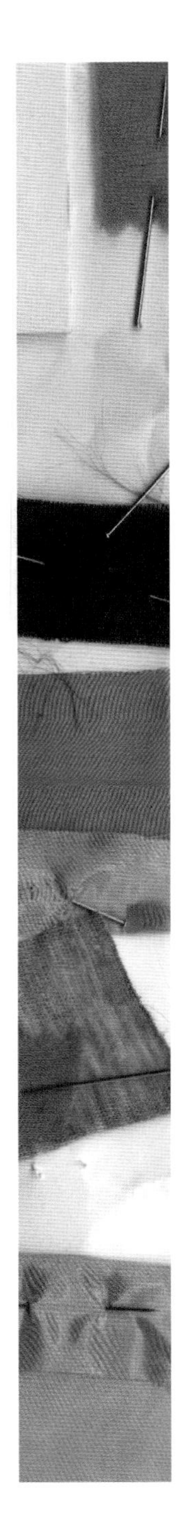

纤维分类

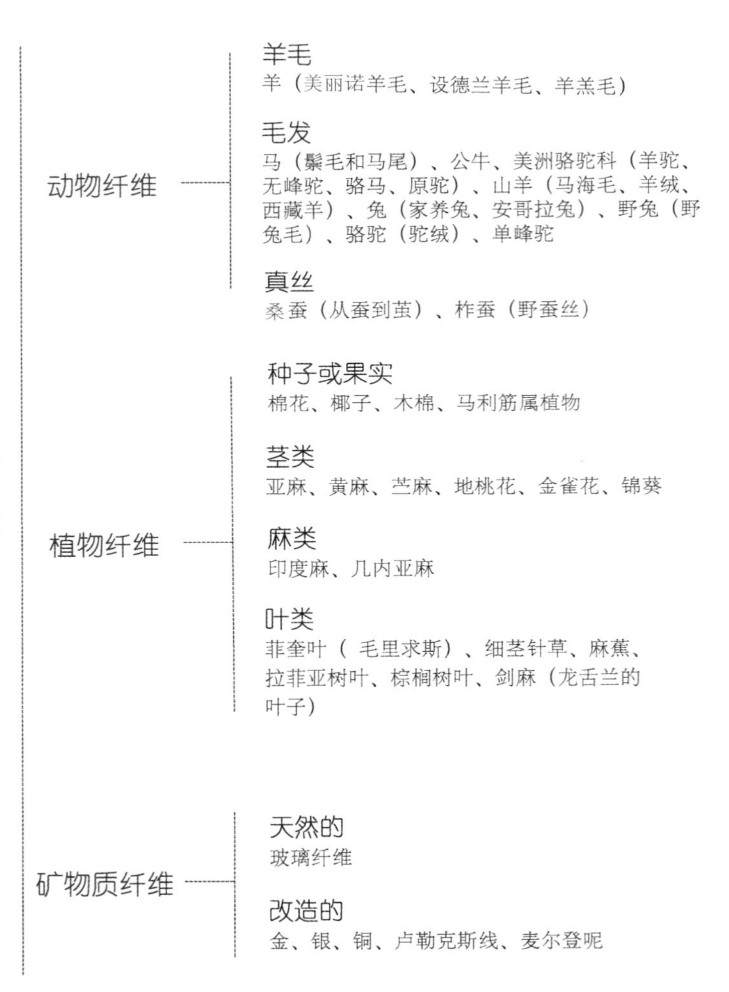
天然纤维
动物纤维
羊毛
羊（美丽诺羊毛、设德兰羊毛、羊羔毛）
毛发
马（鬃毛和马尾）、公牛、美洲骆驼科（羊驼、无峰驼、骆马、原驼）、山羊（马海毛、羊绒、西藏羊）、兔（家养兔、安哥拉兔）、野兔（野兔毛）、骆驼（驼绒）、单峰驼
真丝
桑蚕（从蚕到茧）、柞蚕（野蚕丝）
植物纤维
种子或果实
棉花、椰子、木棉、马利筋属植物
茎类
亚麻、黄麻、苎麻、地桃花、金雀花、锦葵
麻类
印度麻、几内亚麻
叶类
菲奎叶（ 毛里求斯）、细茎针草、麻蕉、拉菲亚树叶、棕榈树叶、剑麻（龙舌兰的叶子）
矿物质纤维
天然的
玻璃纤维
改造的
金、银、铜、卢勒克斯线、麦尔登呢

化学纤维

人造纤维

蛋白质（植物或动物蛋白）
酪蛋白（梅里诺瓦酪素短纤维，源自牛奶中的酪蛋白）、豆科植物（假种皮、花生、玉米、大豆、五谷）

纤维素（再生的或转基因的）
粘胶、胡椒、纤维素酯、醋酸纤维

海藻酸
海藻酸盐、海藻

橡胶和树胶
树胶（源自挤压的乳胶和叶子）

合成纤维

氯纶

聚酰胺

聚酯

醋酸

油基物

乙烯基

聚氨酯

碳氟化合物

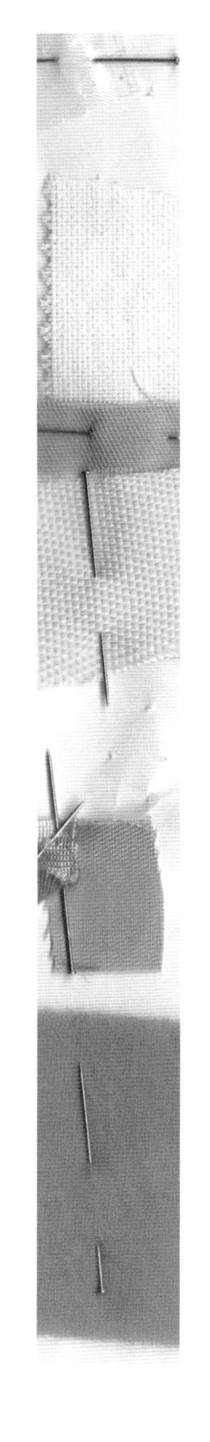

纺纱

纤维通过纺纱转变为可以用来梭织、缝制或是刺绣之物。工业上的纺纱工艺十分复杂并随着技术不断改进而变化。在色彩、品质和外观上，它高速适应着不断变化的流行趋势和市场需求。

1-2-3. 真丝绡和绢网面料上的羊毛线刺绣实样。Maria Jose Lleonar为Simorra公司所作的设计。

4-5-6-7. 四个模特身着不同图案的连衣裙。2006/2007秋冬系列，来自Josep Font。

1

2

3

4

5

6

7

面料

从技术角度而言，面料指的是通过两组纱线（一组经线，一组纬线）的交叉或者连接而形成的具有不同程度的耐磨性、弹性、柔韧性的片状形式的材料。

它由纵向的经纱和横向的纬纱相互交错缠绕组成。根据其组织结构，可分为梭织面料、针织面料和非织造面料等。

梭织面料

此类面料部分是由其构造方法而定义的。

缎纹是交织的，因此经纱在上，纬纱在下，反之亦然。这种特点使得织物质地柔软，表面平整光滑，富有光泽，但背面黯淡无光。

平纹是一种更简单的组织，纱线的密度与缎纹组织相似，经纱与纬纱一上一下规律交织形成。两面具有同样的密度与光滑度，因此没有正反面之分。

斜纹是一种以斜线的排列方式形成的渐变的组织结构。这种面料具有正反面，而且特征明显。最具有代表性的是牛仔布。

针织面料

针织面料是指由至少一根纱线自身交织缠绕而形成的织物。手工编织由棒针完成，一根用来编织，另一根托住织物，循环交替。根据这一技术衍生出了机器针织，纱线弯曲打环并相互串套，纵横交织缠绕而形成针织面料。这种结构形成的面料具有独特的弹性。按生产和形成方式可分为纬编针织物和经编针织物。纬编针织物是将一根纱线由纬向喂入针织机的工作针上，纱线按照一定的顺序在一个横列中形成线圈编织而成。经编针织物是采用一组或几组平行排列的经纱于经向同时喂入针织机的所有工作针上进行成圈而形成的针织物。针织产品上的设计也可以通过刺绣和丝网印工艺而实现。

金属纱面料

带有金属纱线的面料越来越流行。虽然现在更常用的材料是钢、铝、铁或者钴合金，但起初是使用金银线。既可以采用梭织结构也可以采用针织的构造方法。

非织造面料

非织造面料也可以运用于服装中，用于运动鞋、衬里、靠垫填充物和饰品中。普遍来说，它们结实耐用，并且由于其构造方式的特殊性，这类材料不易磨损也不容易折断。它们是通过将纤维压缩并且加热、摩擦或利用化学物品而形成的面料。最具代表性的当属毛毡。还有杜邦公司生产的一些产品也属于非织造面料，杜邦公司是此类面料研发公司中最有名的制造商之一。

毛皮与皮革

很多动物因其拥有美丽的毛皮而被农场人工养殖，并将它们运用于服装上。对于纺织品设计师而言，这是非常有意思的材料，因为设计师可以在毛皮上染色、裁切并且运用装饰品和刺绣来进行处理。

另外，条状的毛皮可以编织出新的结构纹理，零碎的（小块的）毛皮可以运用于拼贴图案中。在皮革上染色，做纹理，裁切也可以产生很多效果，创造出新奇的皮革和奇妙的稀有皮质仿制品，比如蛇皮和鳄鱼皮。动物毛皮的运用在今天是一个非常具有争议性的课题。现在这个行业是完全合法的，因此用于服装上的动物是人工养殖并在特定的条件下杀死的。

塑料

塑料不是天然产品。它是经过不同化学过程加入添加剂而制成的，被称为聚合物。这些纤维是构成塑性化织物的主要成分，此种面料通常用于雨具或梦幻风格的服装设计中。

1-2-3. 弹性面料上的图案设计。来自 Lisa Italia2008 冬季系列。

4-5. 不同色彩、肌理和图案的聚氯乙烯样品。

6. 毛皮样品（俄罗斯羊羔皮、白貂、貂、染色羊皮），仿蛇纹皮革以及凸花纹。

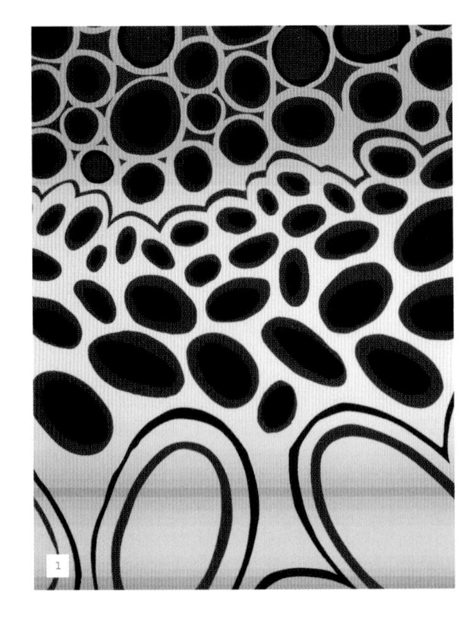

1

2

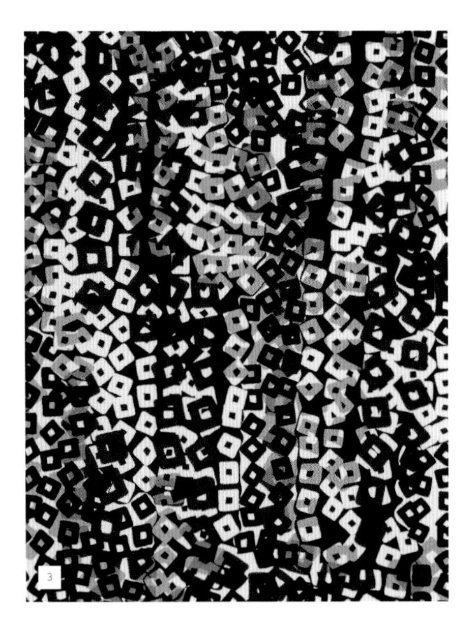

3

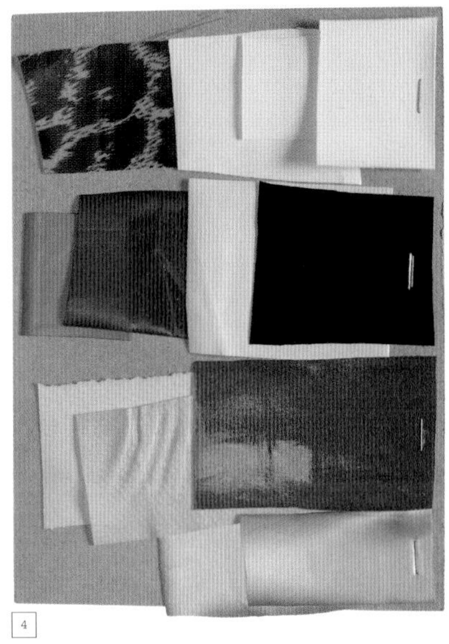

4

5

6

面料的类型

识别不同类型的织物的最好方式就是眼观和触摸。以下是随着工业进程而不断改变和变化的成千上百种面料中最广泛使用的一些面料种类。然而这些面料仍然保留着与其传统名称相关的称谓。

醋酸纤维（Acetate）：1869 年德国从醋酸纤维素中发现化学真丝（人造纤维）。早在 1920 年，这种纤维已经用于女贴身内衣裤、女衬衫、裙子和针织以及其他需要轻盈柔软面料的服装生产中。它既结实又易于保养，不起皱，不缩水，也不褪色。40℃（104 ℉）以下洗涤，阴干。

羊驼毛（Alpaca）：由羊驼毛纤维制成的织物，特别适用于制作男装。

上等细亚麻布（Batiste）：为纪念它的创立者 Baptiste Cambray（13 世纪法国织布工）而命名。上等细亚麻布是一种非常细薄的麻织料或棉织料，部分漂白，轻微处理和热压。用于胸袋巾、裙子和衬衫。

织锦（Brocade）：在提花机上制作的奢华的丝绸面料。金线或银线织成部分面料（没有刺绣），带有植物和阿拉伯式花纹主题的浮雕和图案。主要用于教堂装饰物和礼服。

雪纺（Chiffon）：真丝或合成纤维面料，非常轻盈鲜亮（有纱的外观），由轻盈的纤维制成，纱线加捻。

印花棉布（Chintz）：起源于印度，由光亮的棉线制成，面料颜色鲜艳。

白棉布（Calico）：最初从印度城市卡里库特进口。一种便宜、平纹素色棉布。

灯芯绒（Corduroy）：来源于拉丁语 Pannus，亚麻，是纬向天鹅绒织物 。由一组经纬纱形成底布，另一条粗纹纬纱形成了这种面料的独特特征。灯芯绒通常是棉织物，但也有用黏胶制成的。灯芯绒既可平滑，也可棱角分明，还可以装饰。传统上，褐色和黑色的灯芯绒是农民用的典型面料。如今，各种颜色和厚度，还有不同克重的灯芯绒也被生产出来。

细棱条细平布（Coteline）：由羊毛或棉制成的凸纹面料，曾经用于套装、夹克、西服和大衣中。

棉布（Cotton）：从棉花植物的种子分离出来的植物纤维。棉布的质量取决于纤维的细度、纯度、亮度，尤其是其长度；纤维越老越细，生产出的纱线就越结实耐磨、规律整齐。床上用品是利用短的棉纤维切断制成的。长纤维用于制作上等细亚麻布、府绸和织锦。这种纤维吸收性强、耐热性佳、耐洗又不易感染虫蛾。它不可压缩也不易产生静电。未经处理时可用来做填塞物。

绉纱（Crepe）：由丝绸、亚麻和棉制成的面料，表面绉缩。

乔其绉（Crepe georgette）：织物轻薄透明，表面无光泽，不光滑，手感柔软。

重皱织物（Crespon）：多根经纬纱加捻而成的面料，轻薄且布满皱纹。用羊毛、丝绸、棉、人造纤维、亚麻混纺而成。通常是印花，多用于女性服装。

印花棉布（Cretonne）：彩色印花棉布，典型图案是花卉。面料结实，主要用于窗帘和家具装饰。

织锦（Damask）：最初是提花丝织物或亚麻织物，一面是瑰丽多彩的图案，另一面是相同的反相图案。提花织物风格的棉织物、黏胶、羊毛织物或混纺面料也都被称为锦缎。

牛仔（Denim）：它是所有牛仔服装都会用到的面料。牛仔面料在 19 世纪 40 年代开始进入服装领域。它是一种以棉为原材料织成的斜纹布，结实耐用，易清洗，耐磨性强。

毛毡（Felt）：非梭织类纺织产品。充分利用某一纤维的属性加工黏合而成，尤其是羊毛。织物属性以水为媒介，经过中等加热和压力得以强化。

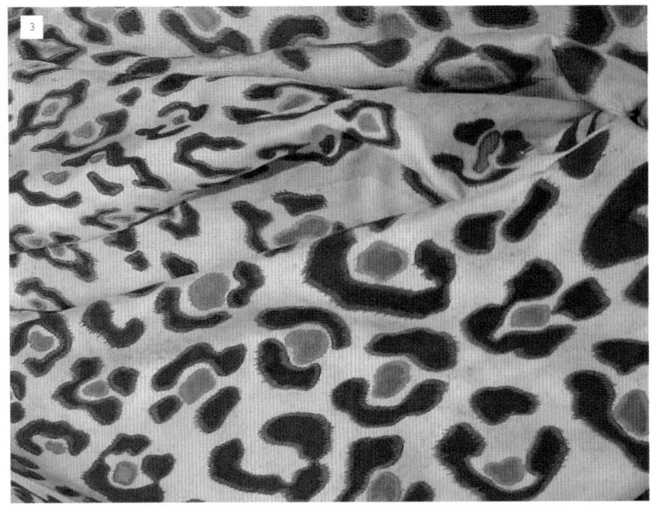

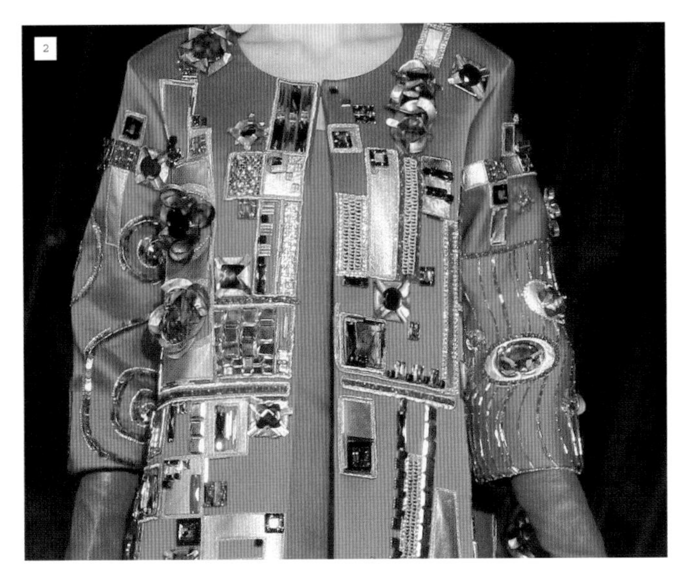

1. 双宫绸天然面料上丝线刺绣，来自设计师 Manuel Albarr á n 的服装系列。

2. 图案设计中运用了宝石和金属片。来自 Christian Dior2008 春夏系列。

3. 丝绸面料上的豹纹印花。来自 Christian Dior。

法兰绒（Flannel）：几种毛织品的通用名称，通常有简单的纬纱交织。 表面绒毛被梳向一边因此手感顺滑。用细毛线织成的法兰绒用于外套和套装，用棉纤维织成的单面或者双面绒，用于家居服装如睡衣和衬衫。棉织法兰绒通常由精梳纯棉制成，更轻更柔软。

华达呢（Gabardine）：一种紧密的斜纹织布，也常含有人造纤维及不同的厚度 。早在 1902 年，华达呢已由 Burberry 公司注册为商标。

纱（Gauze）：很可能源自阿拉伯语“Gazza”、丝绸，或者来自巴勒斯坦城市加沙。一种轻薄织物，透明蚕丝材质，用于透明女装衬衫、连衣裙和丝巾。也有棉织纱，织纹松散，经过多种工艺进行后处理。

乔其纱（Georgette）：非常精美优良的透明绉纱，以强捻纱线织成。

缩水率测试面料（Glacilla）：使用原布料前进行缩水率测试的面料。

罗缎（Grosgrain）：用于制作丝绸、人棉或棉质缎带的特殊面料，布面有水平凹槽。

镂空花边（Guipure）：厚蕾丝，带有图案，以结或粗纱线为底。

平纹单面针织布（Jersey）：精美的针织品，最初在泽西岛（英国）出现。可由各种类型的纺织材料在经编或纬编的圆形针织机或直机上织成。

金银线织物（Lamé，金银锦缎）：法语名称（lamina），指的是有华丽的金银丝交织的奢华面料。用于裙子和舞会礼服。

亚麻布：亚麻纤维制成，纱线时常粗细不均。面料优良，结实耐用，但不易保养。

莱卡（Lycra）：基于聚氨酯高弹体而形成的化学纤维，由杜邦公司（特拉华州，美国）独家生产。有弹性，易伸缩，防火，防潮且不易变形，是内衣和很多运动服装的重要成分。与其他面料组合使用，可增加织物弹性。

马德拉斯布（Madras）：一个多世纪以来从印度出口到西方一种布料，轻薄通透，以棉为原材料，手工编织，植物染料，手工印染图案，以原产国的花型最具代表性。

网眼织物（Matt）：这一术语指的是由棉或亚麻制成的多种面料。在刺绣中，它指的是通过定位每一个点，或者精确地裁剪网状透孔，使纬线非常明显且规律排列。其尺寸根据对应每厘米或英寸（2.54 厘米）的纬线数目的不同而产生变化。

马海毛（Mohair）：由安哥拉山羊毛或与棉、毛、丝混纺制成的面料，且面料通常一边保留毛边。

波纹绸或者云纹绸（Moire 或者 Moara）：通常是丝织物，用密集的丝、绢丝或棉质纬线形成水平楞纹，又称提花绸。因它的主要特征是依据光的照射而变化产生光学效果，有波状反射或水纹的形态，因此被称为波纹绸。

平纹细布（Muslin）：最初起源于伊拉克“Mussul”。17 世纪进入西欧，18 世纪开始在英国和法国生产。在 20 世纪 60 年代盛行于嬉皮时尚的裙子中。轻质半透明的棉织物，手感各异，有柔软的，粗糙的，毛糙的。

蝉翼纱，玻璃纱（Organdy）：精美整齐的纱线织成的棉布。蝉翼纱的两个重要特性是它的半透明性和硬度，洗后经过熨烫，特性就会恢复。蝉翼纱是非常精美细薄的平纹细布。

高级密织棉布（Percale）：来源于波斯语“pargale”，一种平滑密实的轻质材料，由棉制成，类似于印花棉布，但是更优良，更精美，也更精密。可漂白，部分染色，或者更概括性地说，可印花。常用于床品。

凹凸织物、起楞布、凸纹布（Piqué）：源于法语单词“piquér”，有凸纹，通常由棉织成，带有几何图案。更常见的是，它由双面材料制成，使得图案或多或少呈鲜明的几何形状。虽然这种材料有时候漂白，但有时候也淡色印染。

1. 塔夫绸上手工刺绣。

2. 塔夫绸上刺绣，运用了金属线和贴花工艺。来自 Christian Dior2008 春夏系列。

3. 花卉图案真丝雪纺连衣裙。来自 2009 春夏（巴黎“第一视觉”展）

4. 几何图案金属片刺绣塔夫绸连衣裙。来自 Christian Dior2008 春夏系列。

长毛绒（Plush）：源于古德语“Felbel”，它是一种天鹅绒面料，然而相比普通的天鹅绒它有更长更饱满的立绒，一般来说，这些立绒由毛或棉制成，由经纱组成。当立绒长达 1 厘米（0.4 英寸）时，则成为长毛绒。

府绸（Poplin）：最初产于阿维尼翁的结实面料，那时这个城市是罗马教皇的所在地。它的名字可能起源于那个时候。现在府绸由精梳棉和丝光棉制成，或由棉、丝、毛以及人造纤维与合成纤维混纺而成。面料持久耐用，尤其用于男女衬衫。

色丁（Satin）：这个名字可能与丝绸拥有同样的拉丁语起源或者可能最初源于中国的一个小镇，在这个小镇上，织出了厚重华丽的丝织物。现如今也可以由黏胶制成，这种面料经常代替丝绸。面料富丽奢华，常用于婚礼礼服、正装或睡衣。

真丝缎（Silk Satin）：丝质面料，以丝或丝光棉为经线，其他纤维为纬线，表面平滑，富有光泽，这种材料有丝绸般的效果。

耐磨斜织精纺面料

双宫绸（Shantung）：以前在中国山东以绸坯纺成，现在也以棉和黏胶为材料。同时被俗称为野蚕丝面料，有不同的厚度，色泽光亮。

氨纶（Spandex）：该面料与纤维拥有相同的名字。弹性十足，用于丝袜，紧身衣和游泳衣。

塔夫绸（Taffeta）：来源于波斯语“tâftah”和“tâfteh”，意思分别为“纺纱”和“绚烂”，以精细优良的丝线或略微僵硬的棉线织成。像丝绸一样拥有清新的感觉和亮丽的外观。

天鹅绒（Velvet）：表面带有短小、浓密、直立的立绒。最初以蚕丝制成，后来用黏胶。具有奢华感。

绢网（Tulle）：最初出现在 18 世纪中期的法国图勒。起初为手工织造，面料较硬，呈透明网状，以丝或棉制成。现今由专门的织布机织造。

花呢（Tweed）：外观厚重结实的毛织面料。最初为苏格兰南部家庭手工制造。现今此称谓指的是用织布机织造的花呢，通常以毛为材料，有时也加入一点棉。

丝绒（Velour）：源于法语，意为天鹅绒。现在这一词指的是表面模仿丝绒的面料，由合成纤维织成，作为辅料和装饰用途。

维希（Vichy）：源于法国城市维希，精美棉织物，由光亮纱线制成，颜色单一，图案简单（条纹与格纹）。用于女士礼服、普通的床上用品与衬衫。

涂蜡织物（Waxed）：缎带或结实的面料，上蜡使表面光滑有光泽。

1-2. 真丝绡和真丝色丁上的原创图案设计，凸显出图案在透明或者光亮的织物表面所产生的不同效果。来自 SIMORRA 公司。

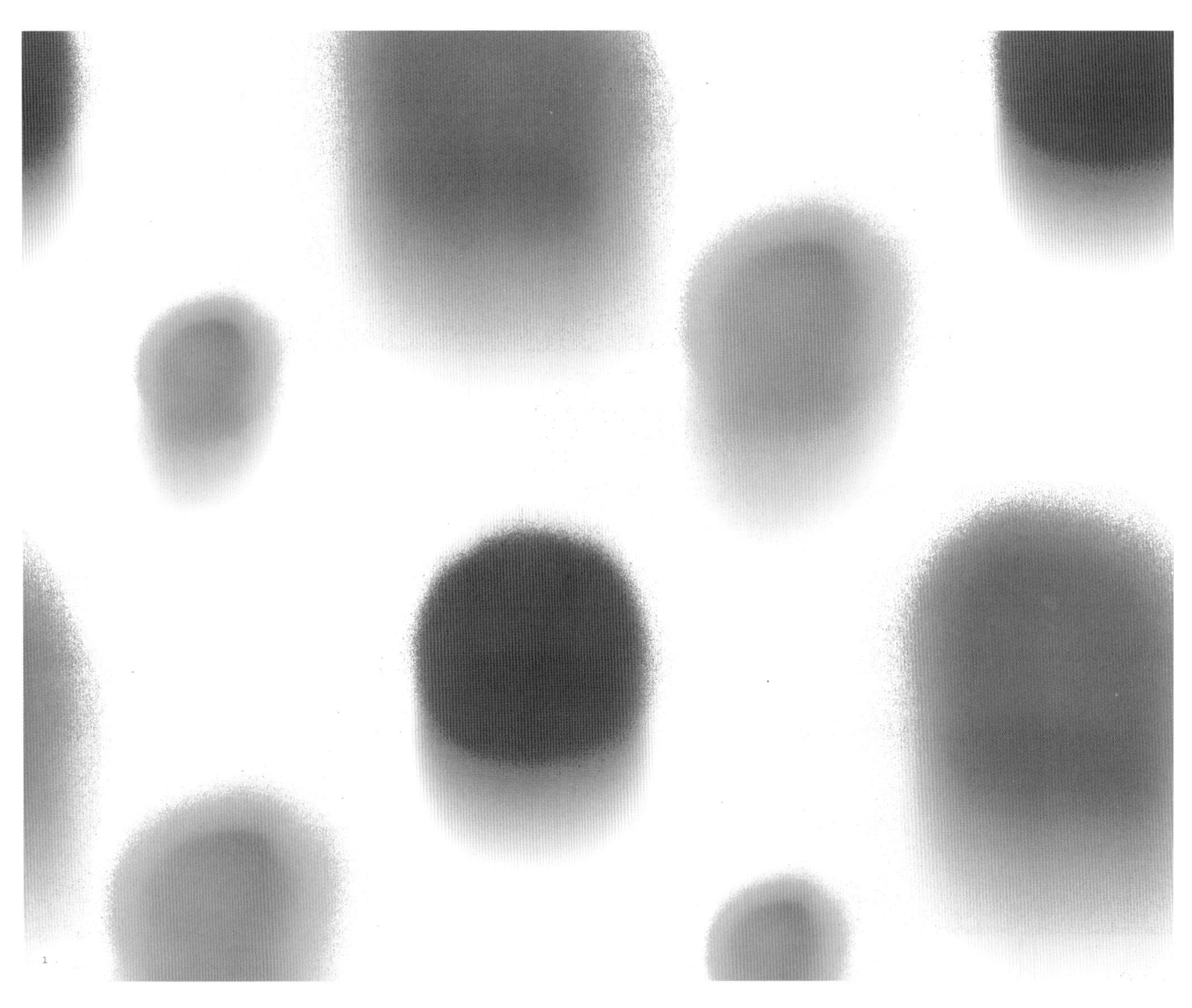
1

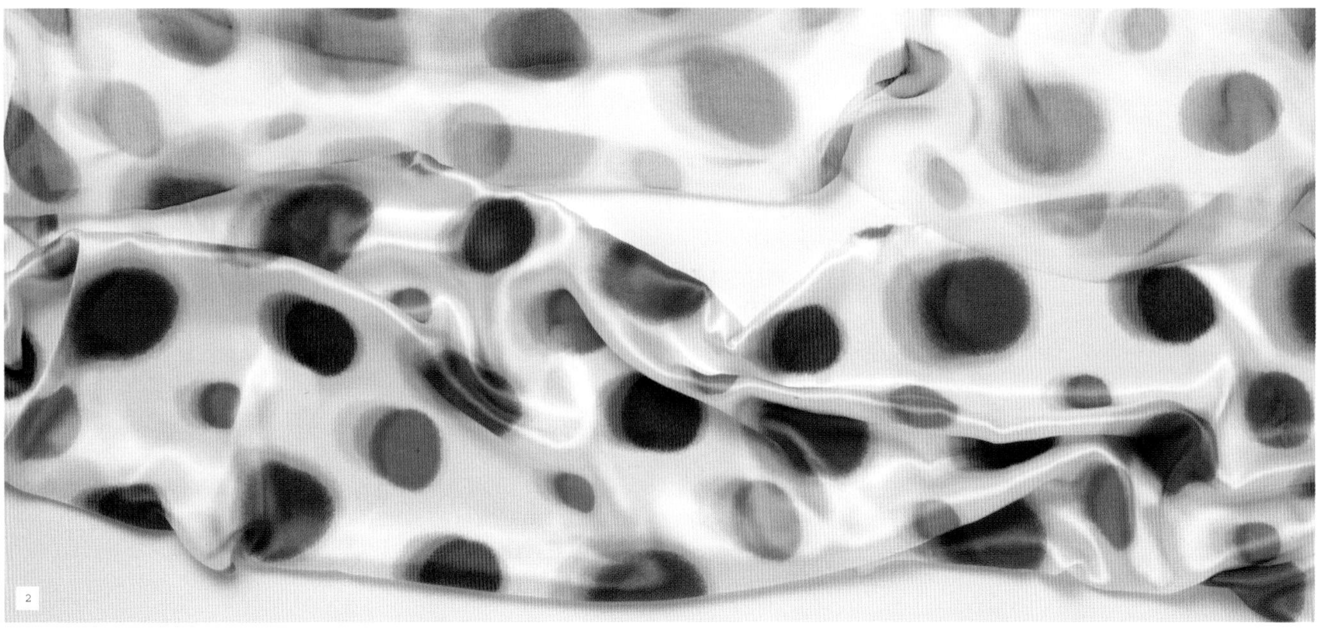
2

1–2. 棉织物上的花卉图案设计。
来自 Miriam Ocariz 公司。

染料、清漆和颜料

染料是一种颜料物质，浓度调不等，有稀释的，有黏稠的。它的成分是颜料或是染料，被称为染色剂、黏合剂，也被称为着色剂，黏合物是一种重介质，将颜料分散开；而其他的添加剂有稳定剂、有机溶剂和软化剂。最常用的染料有：

塑料溶胶或丙烯酸清漆（Plastison 或者 Acrylic Varnishes）：因其光泽度和弹性而著称。十分耐用也十分耐洗。

漂白剂（Bleaches）：非常适合漂白天然面料，去除已染色面料的颜色或是实现漂白和做旧的效果。

底色染剂（Base Colours）：用于深色面料上。

胶水（Glue）：自带黏力的塑料溶胶，可以用来实现各种效果，例如：深红色天鹅绒，鱼子酱效果（黏小珠子），发光、金属感效果等。

有特殊效果的墨水（Inks with special effects）：可以实现金属感的（金、银、古铜、铜）、亮丽的或是做旧的、发光的和珍珠般的效果。

植绒染料（Varnishes for Flocking）：适合制作浮雕、天鹅绒般的效果的染料。

高浓度染料（Dyes with high density）：用于印制立体感很强的图案。

天然染料和有机颜料（Natural dyes and organic pigment）：从植物、动物和矿物质中提取。因为当前对环境的关注而重新燃起了对这类染料的兴趣。

水性染料（Water-based dyes）：针对天然面料、混纺或合成混纺织物有不同的水性染料。比较适用于平纹织物的染色。

1. 丝网印工作室中标有参考色号的罐装染料。

2. 尽管工作室都有电脑程序来决定不同颜色的成分配比，但是人们通常还是喜欢按照特殊的比例手工调制出色彩。

3. 为丝网印工作室准备的分色稿。纺织品设计师列出了套色：第一个为底色（面料的颜色），其余 5 个色彩分为 5 层。因此，工作室需要准备 5 种染料或者涂料以及 5 张丝网，每种颜色各一个。

4. 空白的丝网，在面料上应用感光剂，并把面料紧绷在框架上。最初这些丝网是用真丝制成的，如今使用其他更牢固的材料，使丝网可重复使用。

5. 用于丝网印过程中的紫外线光。丝网上涂上感光剂（参见第 98、99 页）后会由于感光的作用将设计稿固定在丝网上。

1

2

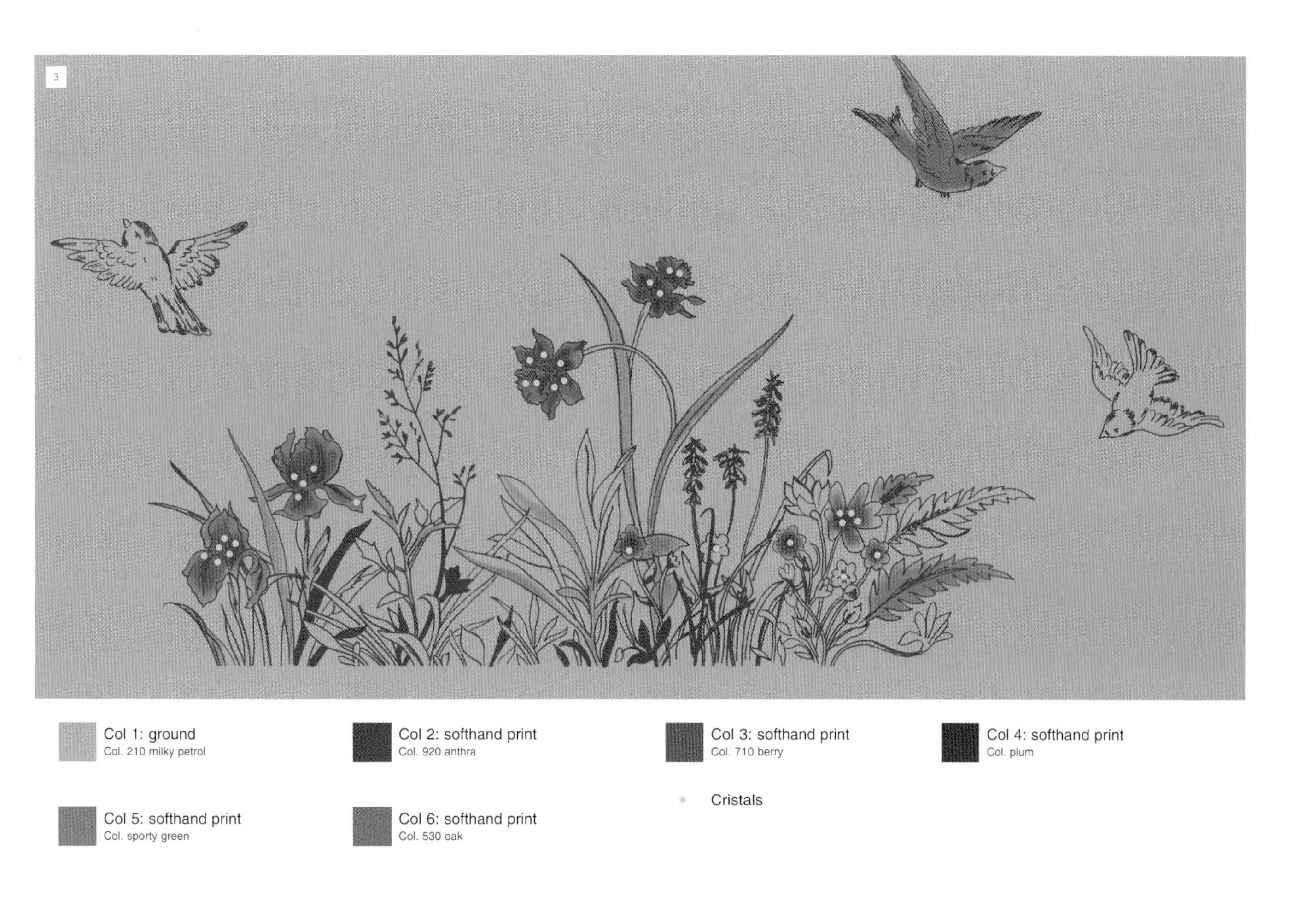

Col 1: ground
Col. 210 milky petrol

Col 2: softhand print
Col. 920 anthra

Col 3: softhand print
Col. 710 berry

Col 4: softhand print
Col. plum

Col 5: softhand print
Col. sporty green

Col 6: softhand print
Col. 530 oak

Cristals

最终的印制过程

印花是根据预先设计好的方案或是图案对面料进行着色的过程。在这个过程中，着色的材料与面料有着密切的关系。

在面料上实现设计的这个最后程序中，为确保最终的效果切合设计师的设计稿，往往会选用几种技法结合使用。比如，在同一件服装上实施多种不同的印制工艺而获得不同的效果，包括添加机绣或者手工刺绣。随着技术的不断进步，使得多种工艺的结合使用成为可能，也为印花和刺绣产生了很多新的可能性，同时，处理面料的方法也更加多样化。

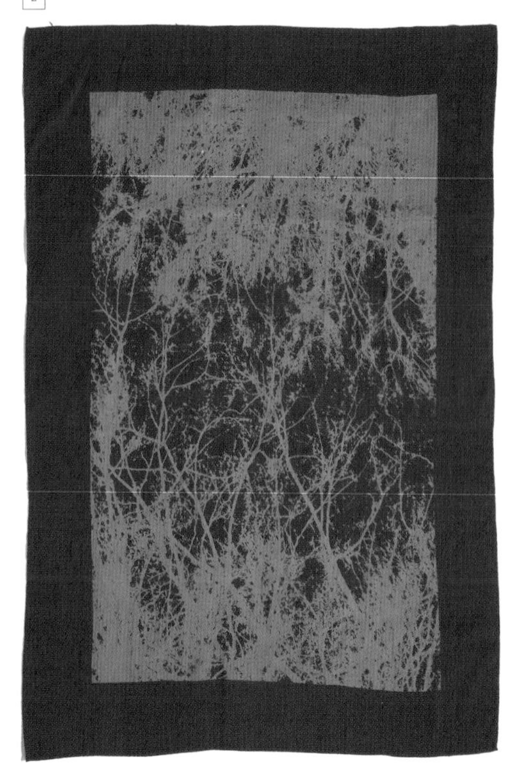

1. 红色丝绸面料上单色丝网印。Javier Nanclares 设计。

2. 墨绿色丝绸面料上单色印制——粉色。

3. 采用丝网印和亮片、多色丝线工业化刺绣装饰的面料。

4. 印花纸，如果使用丝网印的话需要 10 张丝网才能实现这么多套色。来自意大利 Lissa 公司。

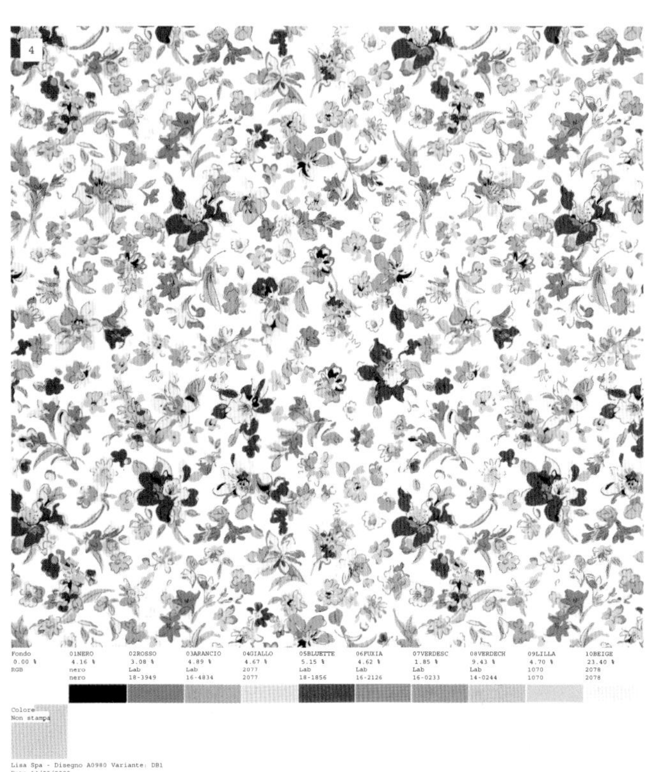

丝网印花

最常见的一种印花工艺就是丝网印花或称为绢网印花。这需要将设计稿进行分色，将其转移到面料上形成不同的层次，每个层次对应设计稿上的一个颜色。每一层有一个模板，模板上有你希望将其呈现在黑色不透明网版上的图案。将图案置于矩形木桩或是金属框内，框上绷有被乳化剂涂过的特殊面料制成的屏幕，用光照固定住乳化剂并留出需要被着色的图案区域的网眼。然后移去屏幕，洗掉在图案区域里多余的乳化剂，露出图案。乳化剂是用来覆盖没有图案的区域，留出空的地方供工艺师上色。

重复这个过程，一个颜色，一个网版，完成套色的网版制作。这样，通过按压油墨使其渗透到下面的面料上，完成设计稿的转移。手工丝网印花则需要操作者用橡胶滚轴按压染液，并使其作用到下面的面料上来完成印花。工业化丝网印花的步骤类似，面料沿着传送带，将网版（每个网版对应设计的一部分）置于面料之上，一只机械手将墨水洒在网版上。

另一种丝网印花的方法是先对面料进行染色，然后用腐蚀性的糊剂来印染图案，以此来去除面料上的颜色。此类印花一般在深色背景的面料上操作 。

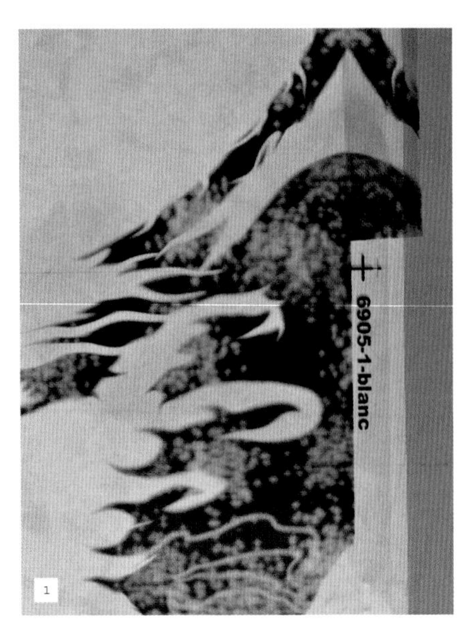

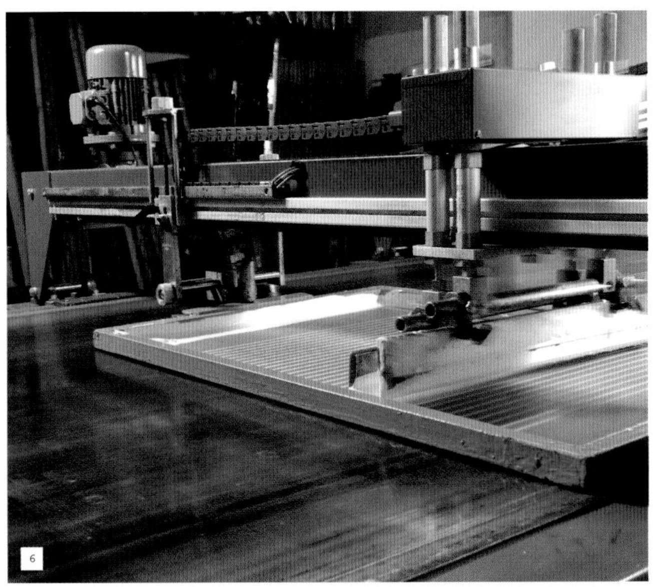

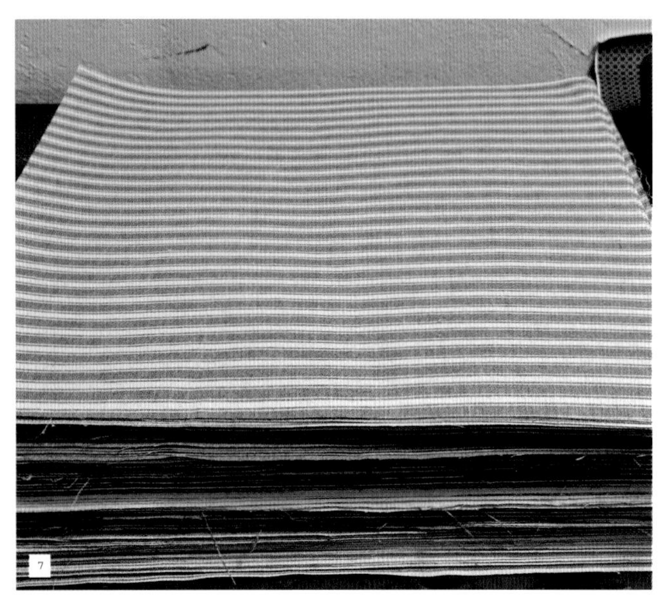

1. 印制蓝色的丝网，充当一个负图像。有设计稿的丝网将以黑色不透明的形式呈现，这样光不会透过丝网。

2. 已完成的准备印制的单色丝网后视图。用橡胶滚轴将颜色施加在丝网上时，颜料会渗入丝网，将图案呈现在丝网上的面料上。

3. 丝网印样品，黑底，有 5 个颜色（黄、白、绿、红、蓝）。深色背景的面料需要使用不透明的塑料溶胶材质的颜料，这样才能获得鲜艳和明亮的颜色。颜料的厚度也增加了手感。

专业工作室中工业化丝网印的不同阶段

4. 为单条纹设计稿准备的丝网。

5. 工业化丝网印生产过程中的机器，有多个丝网，需要工作人员放置丝网和移除面料。为了呈现出一个完整的印花，丝网通常大于面料。

6. 机器将丝网降至在面料上，涂上感光剂，并使用抹刀或橡皮滚轴将颜料涂开。

7. 一叠印好的面料。

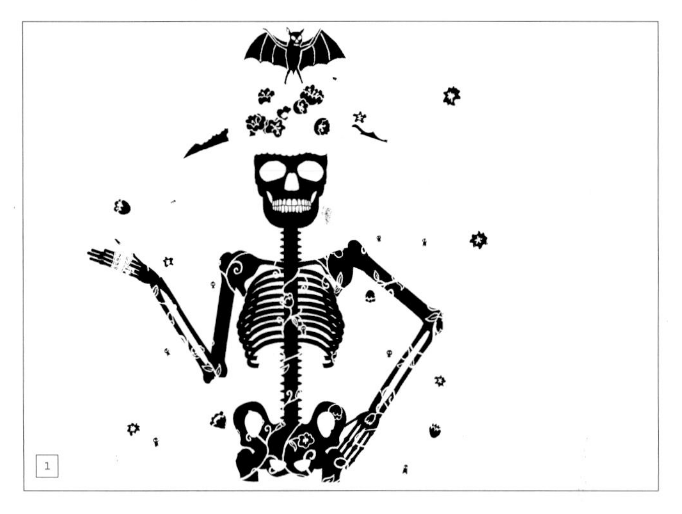
1

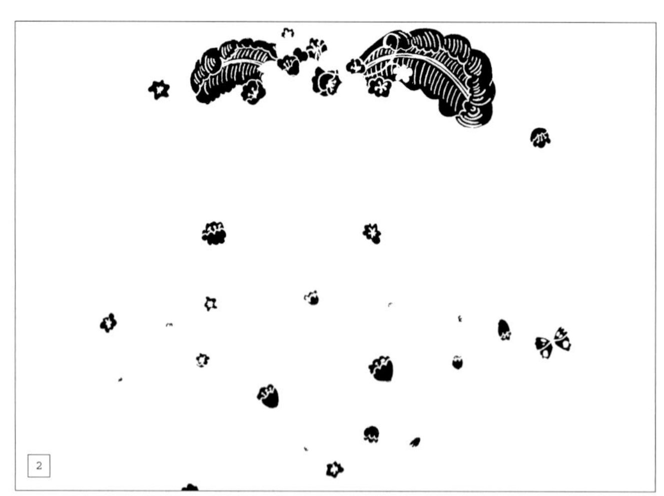
2

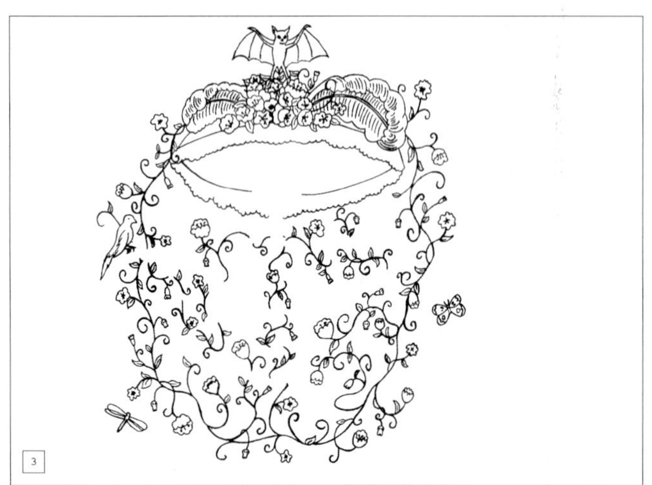
3

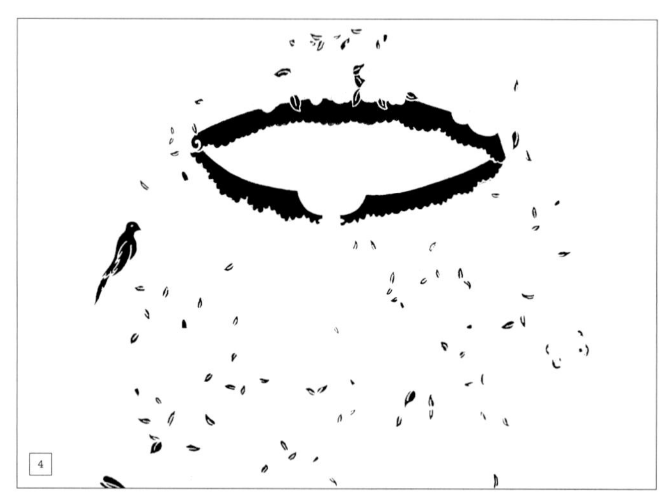
4

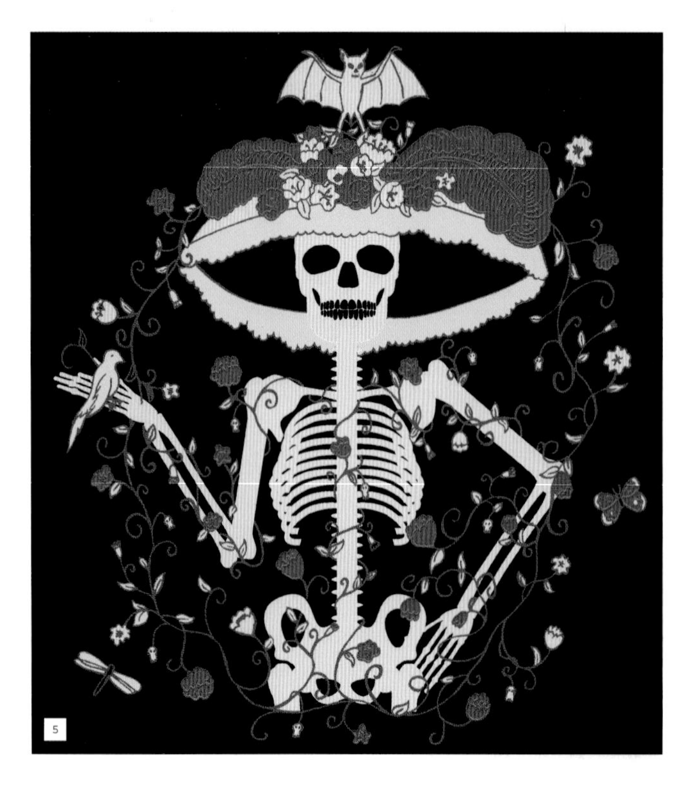
5

6

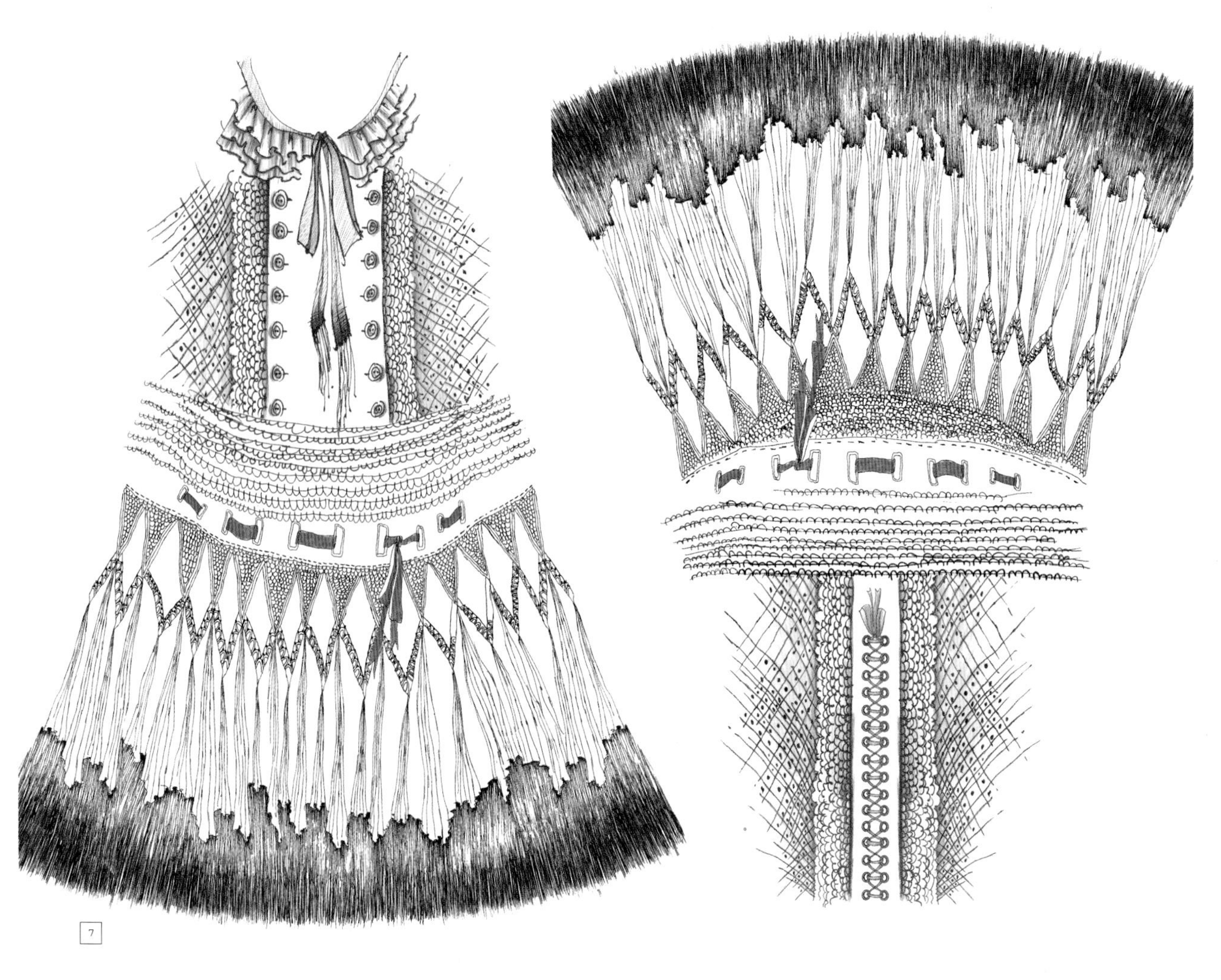

7

8

1-2-3-4. 为设计稿中 4 个颜色准备的丝网。

5. 黑色背景上，4 种颜色的定位印花。来自 Mátala Mamá 公司。

6. 裙装上的图案设计。来自 Mátala Mamá 公司。

7-8. 图案占据了整件裙子，留出了丝带的位置。裙子的丝网印最终效果见第 47 页。来自 Miriam Ocáriz 公司。

烂花

烂花工艺可以使面料获得浮雕感的印花效果，它也是通过丝网印花的方法来实现的，在丝网印花的过程中在不同纤维成分的面料上运用俗称“烂花糊剂”的化学物质。“烂花糊剂”是一种染液，其成分中含有破坏棉的化学物质，比如：在一件由棉和涤纶混纺的服装上使用烂花工艺，面料中印花的区域棉的成分被分离并溶解，而涤纶的部分被保留下来，形成浮雕般的图案效果。如果面料成分中棉的比重大于涤纶，烂花的效果则越明显。

1. 烂花效果的印花，在特定区域去掉棉质天鹅绒，并留出化纤基底。

2. 准备送去工作室印制成烂花效果的花稿。

3. 女士T恤上通过在反面的天鹅绒热转移而形成的仿烂花效果。Laura Fernández设计。

2

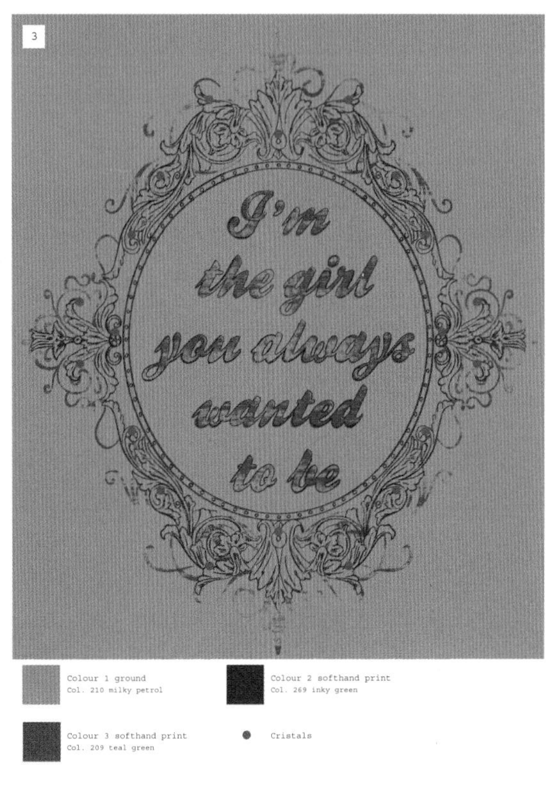

3

Colour 1 ground
Col. 210 milky petrol

Colour 2 softhand print
Col. 269 inky green

Colour 3 softhand print
Col. 209 teal green

Cristals

数码印花

数码印刷（平板印刷、喷墨印刷）可以说是近年来在图像复制方面最大的技术进步。它是由一台巨大的打印机完成的，这台打印机用来将设计转移到各种材质的表面上，其中就包括织物。有了这样的设备，就可以打印任何类型的图案，不管是多么精细复杂的设计稿或者是照片，它不受色彩和效果的限制。要实现数码印花，设计师需将设计稿存储为成电子文档格式，最好是 tiff 或是 .eps 格式。数码印花所呈现图案的清晰度和准确度，给设计师带来了最大限度的创作自由。正因为有了数码印花工艺，使得此前曾必不可少的模板、丝网等其他工具变得不再那么必备。

数码印花的另外一个优势即打样方便快捷，并可以通过即时修改图稿控制整个过程，不会浪费时间和成本。数码印花在生产过程中不会浪费墨水，因此这种工艺干净、环保。数码印花技术也在不断发展和完善中，因此全世界各个城市每年都会组织行业博览会，展示最新的设备和可能性，为数码印花提供更完善的技术支持，因此，对于任何想要在这方面与时俱进并充分加以利用的人来说，这些展会不容错过。

1. 真丝绡上数码印花。来自意大利 Lissa 公司。

1

2

3

2-3-4-5. 丝巾系列上摄影效果的数码印花。Jabier Nanclares 设计。

4

5

01VIOLASC
3.62 %
2042
2042
01VIOLACH
6.21 %
2043
2043
03FUXIA
2.37 %
2044
2044
04ARANCIO
4.52 %
1850
1850
05GIALLO
10.28 %
322
322
06TURCHESESC
2.49 %
158
158
07TURCHESECH
3.63 %
666
666
08OCRASC
9.56 %
976
976
09OCRACH
7.57 %
1723
1723
10BEIGE
5.95 %
669
669
Colore
Non stampa
12Fondo
27.93 %
1114
1114

多色数码印花纸。来自
意大利 Lissa 公司。

刺绣

刺绣是一种针缝工艺，是将设计图案缝制在面料上。运用刺绣其目的是对面料进行装饰以及进行面料再造。刺绣工艺实施于面料的表面，也会利用珠子、亮片、石子以及编带和丝带丰富其结构。面料制造商采用这种工艺生产面料，使面料变为精美的艺术品。很多情况下，通过刺绣的亮度和肌理凸显面料的属性，有时候，通过对面料的处理使其呈现出让人耳目一新表面造型和形态。英国设计师 Anne Kyrö 的作品就是一个很好的例证（见第 182 页），她通过立体感和肌理创造面料，其效果宛如建筑景观。

刺绣的种类

抽丝花边：传统的装饰工艺，将纱线缕在一起，形成一串串小珠子似的锁边和底边装饰。

十字绣：基础技法，纱线穿过面料上下缝制，形成十字形的图案。

帕莱斯特里那绣：也称为传统英式打结绣。一排排的小结簇在一起，形成有肌理的表面。

锁绣：这种针法类似钩针锁链，其功能也一样。

帕尔马刺绣：运用一种颜色的纱线在廉价的梭织面料上形成四方连续图案。

拉加代尔刺绣：是一种精致的西班牙刺绣，在色丁面料实施双向针法。针法主要有两种变体：开放式的和封闭式的。

蕾丝绣：非常复杂但是精致的挪威刺绣。在白色面料上呈现白色的线迹，线迹形式厚实的立体图形，与蕾丝的镂空形成鲜明对比。

雕绣：用于凸显设计或者首字母以及商标。

扣眼绣：将面料挖剪，然后在其边缘锁缝，如扣眼的缝法。

纳绣（薄纱上的刺绣）：运用机器，在绢纱上进行刺绣，装饰元素小巧。

缩褶绣：这是一种用于童装上的传统刺绣方法。呈现出蜂巢状的刺绣效果。

马尼拉刺绣：这种刺绣起源于中国。因运用于典型的西班牙手工刺绣披肩（马尼拉披肩）上著名。此工艺也被应用于其他服装与产品上，如和服、座垫或者图片。传统上，马尼拉刺绣主要使用真丝为底布，用手工刺绣出中国特色的自然主题或其他特色图案。

替代手工刺绣的方式是行业内采用的机绣。机绣，也可以结合亮片、珠子实现特殊的效果，它可以通过热黏合的方法把图案固定在面料上实现机绣。机绣的最大优势是可以大批量生产，也可以在相对较短的时间内完成刺绣。然而，机绣缺乏创意特色，而手工艺人喜欢对针法进行各种试验，所提供的创意性与个性是机绣所不能匹敌的。

1

2

1. 样品。María José Lleonar为Simorra公司设计。

2. 多色棉线手工刺绣，运用了石子为材料。来自印度Ventures公司。

3-4-5-6. 设计图稿以及工业化生产样品，刺绣形成浮雕效果（4）及马尼拉风格（6）。María José Lleonar为Simorra公司设计。

7-8. 专业刺绣工作室为生产准备的刺绣工艺参数。

3

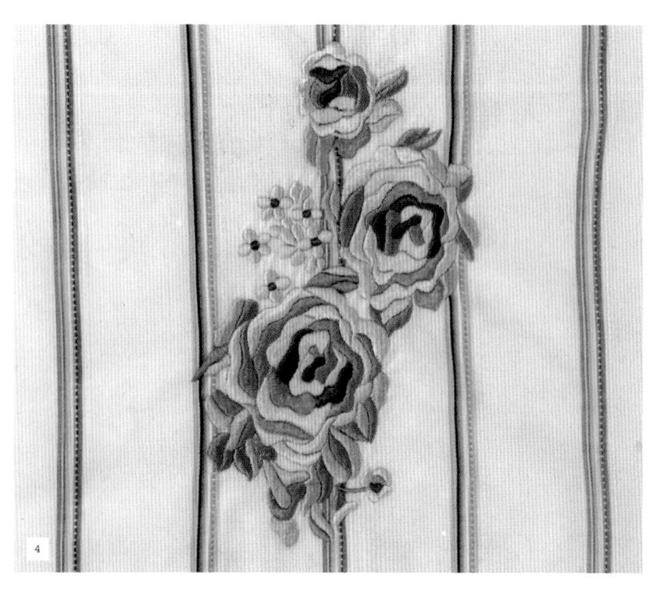

4

5

6

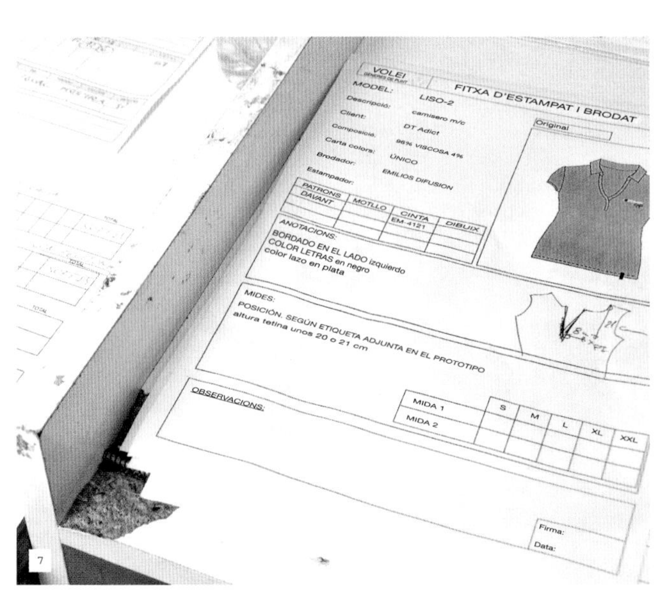

VOLEI

FITXA D'ESTAMPAT I BRODAT

MODEL: LISO-2

Descripció: camisero m/c

Client: DT Adict

Composició: 96% VISCOSA 4%

Carta colors: ÚNICO

Brodador: EMILIOS DIFUSION

Estampador:

Original

PATRONS DAVANT	MOTLLO	CINTA EM-4121	DIBUIX

ANOTACIONS:
BORDADO EN EL LADO izquierdo
COLOR LETRAS en negro
color lazo en plata

MIDES:
POSICIÓN: SEGÚN ETIQUETA ADJUNTA EN EL PROTOTIPO
altura tetina unos 20 o 21 cm

OBSERVACIONS:

	S	M	L	XL	XXL
MIDA 1					
MIDA 2					

Firma:

Data:

7

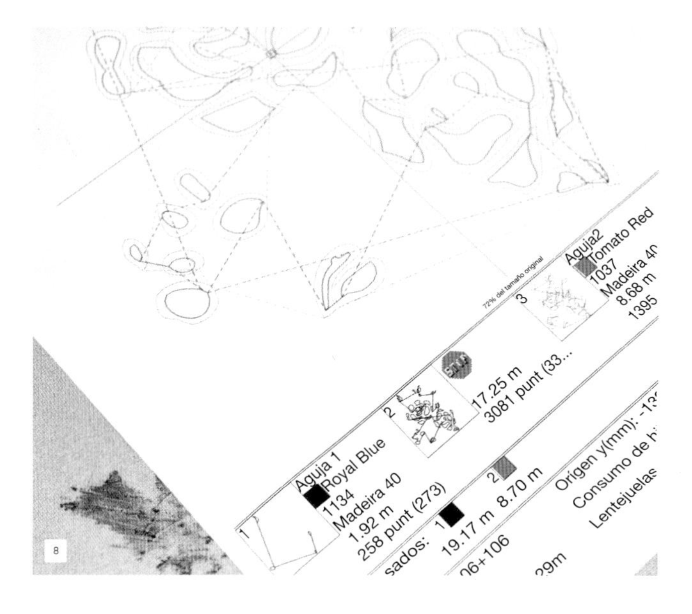

8

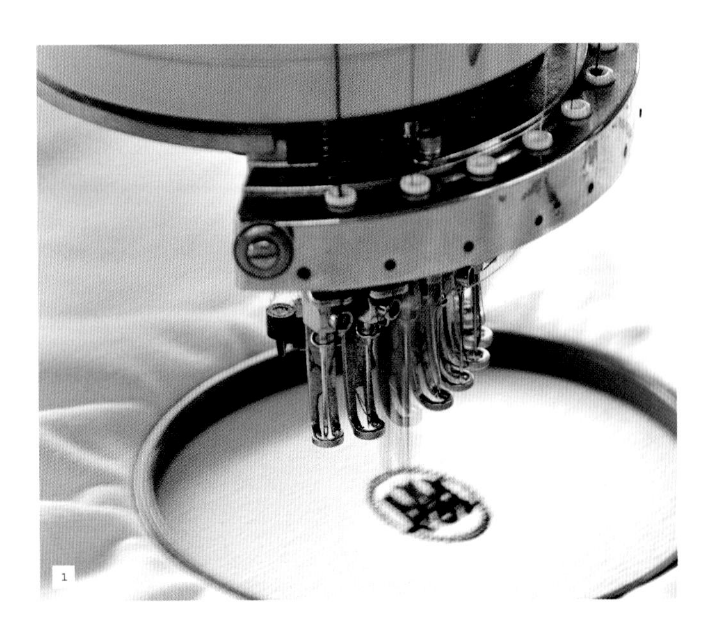

1-2. 专业刺绣工作室中在框架上进行刺绣。

3. 工业化刺绣。来自 Cadena 公司。

4. 刺绣和钉珠片的工业机器。

5. 刺绣和钉珠片的面料小样，随后将进行印花。

6. 实施转移工艺的机器。

7. 产业化锁链式线迹刺绣样品。

8. 通过热黏合运用在面料上的转移印。

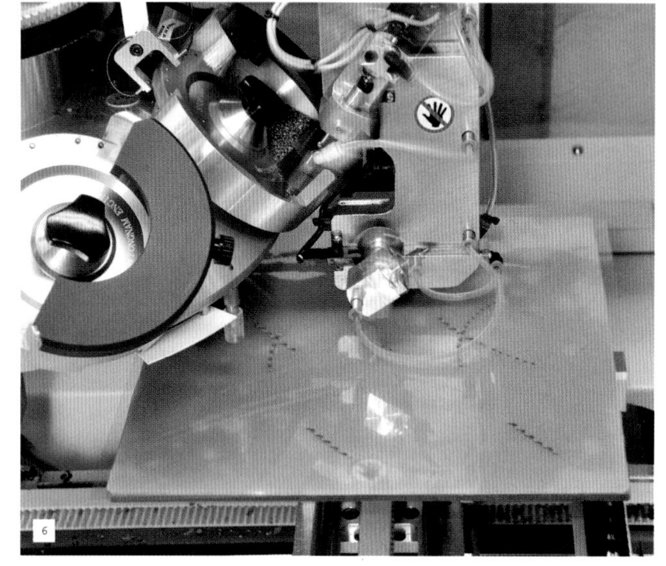

高级定制时装让刺绣工可以展现精致的设计而同时不失创意，成本预算相当高昂。来自 Christian Dior 2008 冬季高级时装定制系列。

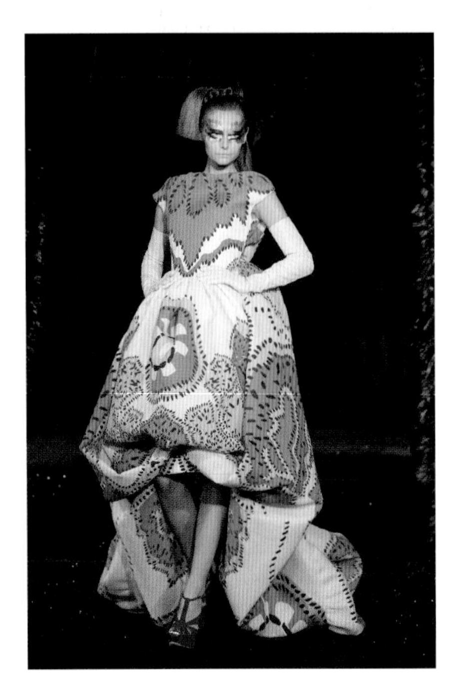

来自印度由丝线和金银线制作的手工刺绣，并饰有珠片及珠子的真丝内衣。由Manuel Albarrán设计。

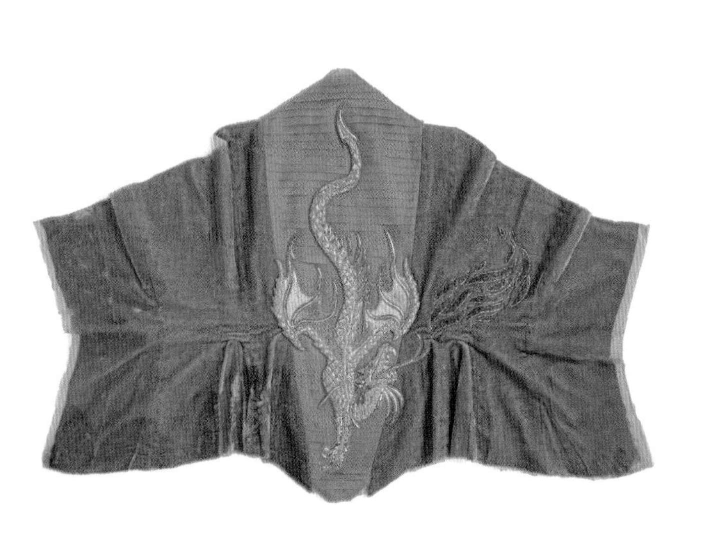

刺绣的材料

用于刺绣的线质量、厚度和肌理千差万别，而且色彩丰富多彩。刺绣中还可以使用装饰和贴花手法，用于这种工艺的纱线与用于梭织面料上的刺绣纱线相同，但最常用最经典的还是棉、丝、涤纶、羊毛和麻材质的线，有时，为了获得针法的不同效果与形态，甚至会运用金线和银线。

同样，针法的组合可以产生新的视觉效果，如扭结，利用三股线交叉缠绕而形成；用金线或是银线制成波浪线；或是使用很粗的线；也可以使用横向有凹痕的线；还可以使用粗细变化的线，这些线可以呈现出卷曲、光滑、哑光、闪亮等效果。还有常见的珠饰线，不同种类的珠子或施华洛世奇水晶、大小不一的亮片、链条状、天然或是人造石头等形成的装饰线，也可以用丝带、编织带等作为刺绣的材料。

1-2-3-4-5. 真丝塔夫绸上利用不同的线制作的刺绣。来自印度 Ventures 公司。

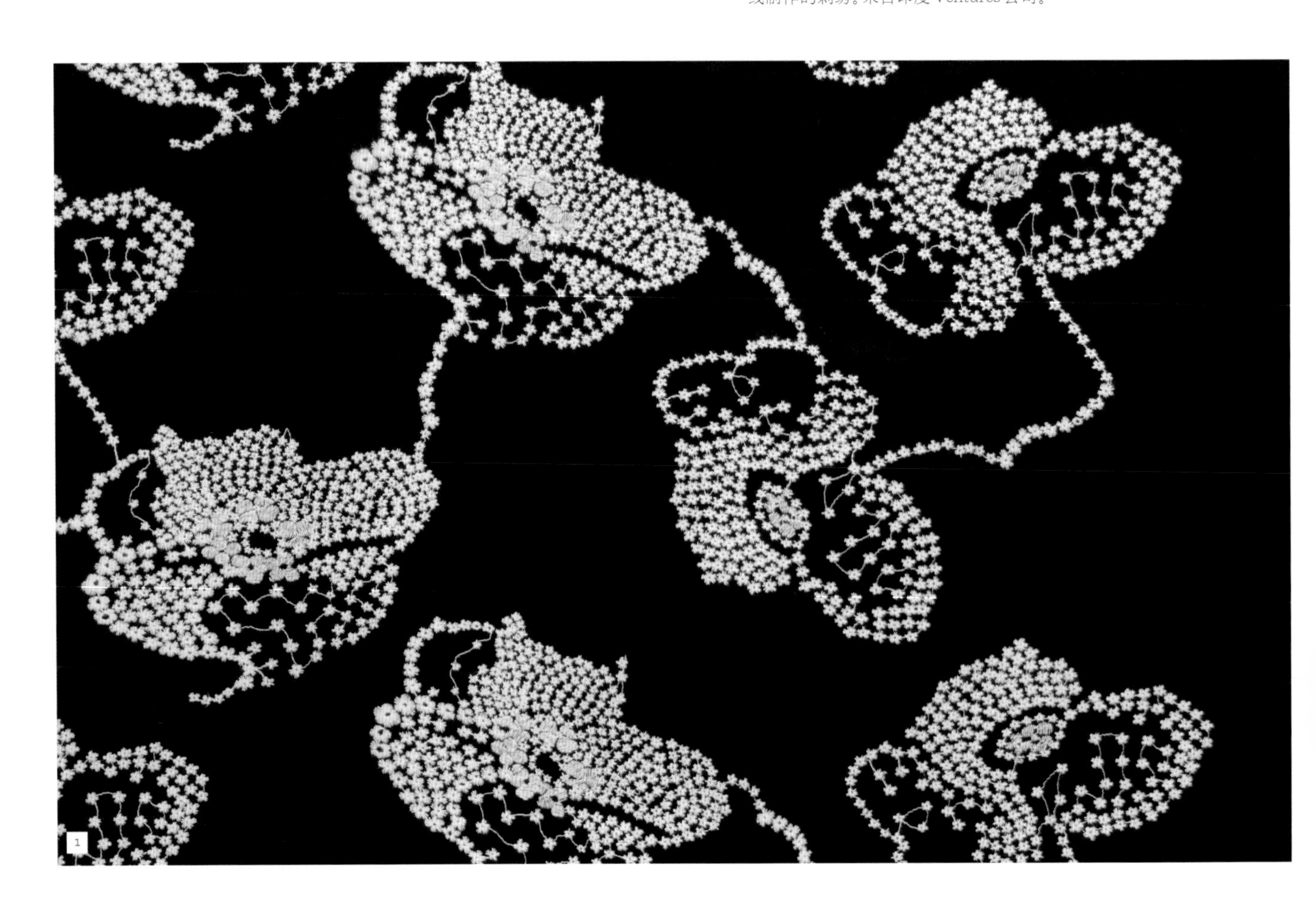

2
3
4
5

滚筒印花

滚筒印花早在 1785 年就被开发应用在纺织品的面料加工中。它是将图案雕刻在铸铁或者铜质的滚筒上，运用其在面料上的滚动，实现染液在面料上的印花。滚筒印花的每一只花筒只能印制一套色的花型，且因为滚筒的成本较高，所以滚筒印花工艺如今被很少使用。

热转移印花

热转移印花工艺是通过一张专门用来做照相凹版、平板印刷或是丝网印获得的图案纸，再将纸上的图案用热量和压力转移到面料上的程序。

其过程是，将面料或者服装放置在一个塑料的框架中，并在一种特殊的溶液中浸湿。然后将仍然紧绷在框架中，印有图案的纸放在面料上，使其在溶液里浸湿，再用一层被硅处理过的油布覆盖。然后对其加热加压，直到图案完全蒸发并且图案转移到面料上。通过这一方法得到的印花图案，色彩渗透力比普通印染要强得多，图案与工艺之间的兼容性也较强，工艺成本低且污染少。如今，热转移印花的过程也被电脑以数字化的输出方式来实现印花。

1. 通过热转移的印花。

2. 用工业滚筒四色印花制成的一个复杂设计组合。来自 Basso & Brooke 公司。

2

1. 运用于纺织品印花的印度传统模具。

2. 印制模具和用于印花的材料。

3. 用印制模具印出的图案设计。

模板印花

用模具来印花是印花工艺中最古老的技术之一。它由在硬质材料（如木头、油布或是橡胶），在表面雕刻掉阴面图案，来获得设计所需的图案。再将这样得到的模具沾上染液并通过按压，将设计的图案印制在面料上。早在1834年，模板印花已形成机械化的操作，使这项技术并因此可以大规模地生产各种各样的图形与色彩的面料。

传统上，模具通常是用木头来制成的，在欧洲也有大量的模具是用金属制作并附着在木头底座上。最适合用来做模具的木头需要有着紧密纹理、坚硬且耐磨的特性，如黄杨木、榉木或是梧桐木等。

雕刻模具的人员需要非常专业的资质，因为雕刻的工艺要求极高，它是一门非常复杂的学科，不仅需要掌握操作工具的技艺，还需掌握木头纹理的知识。传统中模具的雕刻都是由工艺大师们来制作完成，而现今已很少有人能胜任与制作了。

1

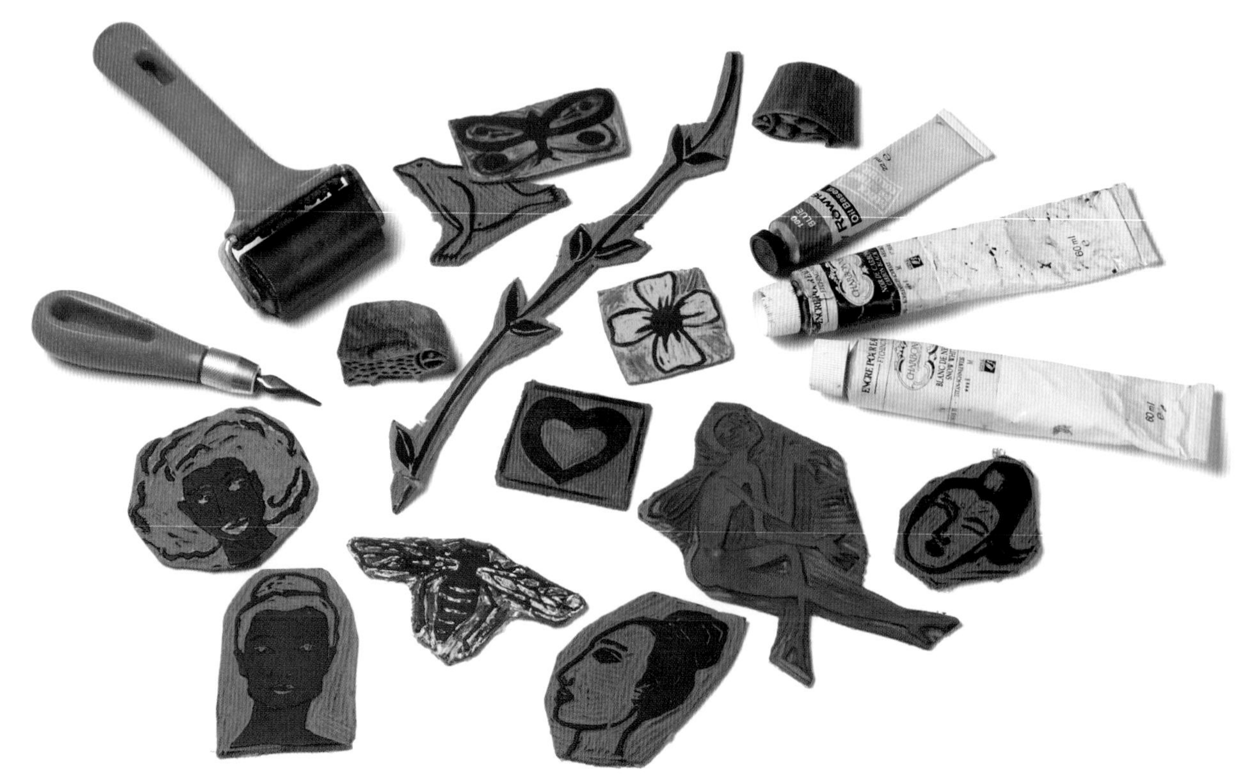

2

3

防染印花

是指在一块被处理过的面料上，图案因被界定分离，染料无法渗透到特定的区域，这种工艺通常被称为“防染印花”。蜡染是这一工艺中最简单且也最为被人熟知的一种工艺。蜡染操作时，先用融化的滚烫蜡液绘制出设计好的图案，当蜡冷却并凝固时，它就形成了一个隔离层，当面料进行染色时，被蜡液覆盖的区域仍然保留底色且不被染色。染色时面料的颜色从浅至深慢慢获得，也可以不断用蜡覆盖新的区域并不断染色直至实现理想的图案。最后，再用溶剂或是加热的方法将蜡去除。

另一种常见的防染工艺是扎染，它是以多样的手法来运用防染工艺对面料进行染色。不像蜡染，防染的区域不是使用蜡覆盖，而是通过捆绑、缝纫、弯曲、卷扎、抽褶等方式进行防染实现印花。

扎染的印花效果蕴含着一定的不可预测性，也是其最具吸引力的特性之一。虽然扎染的技法能保证最终的大致染色效果，但结果总是有多多少少的意外变化。

在西方将 Shibori 一词称为“扎和染”，它是一种将面料打结或是用线扎起来进行染色的工艺。

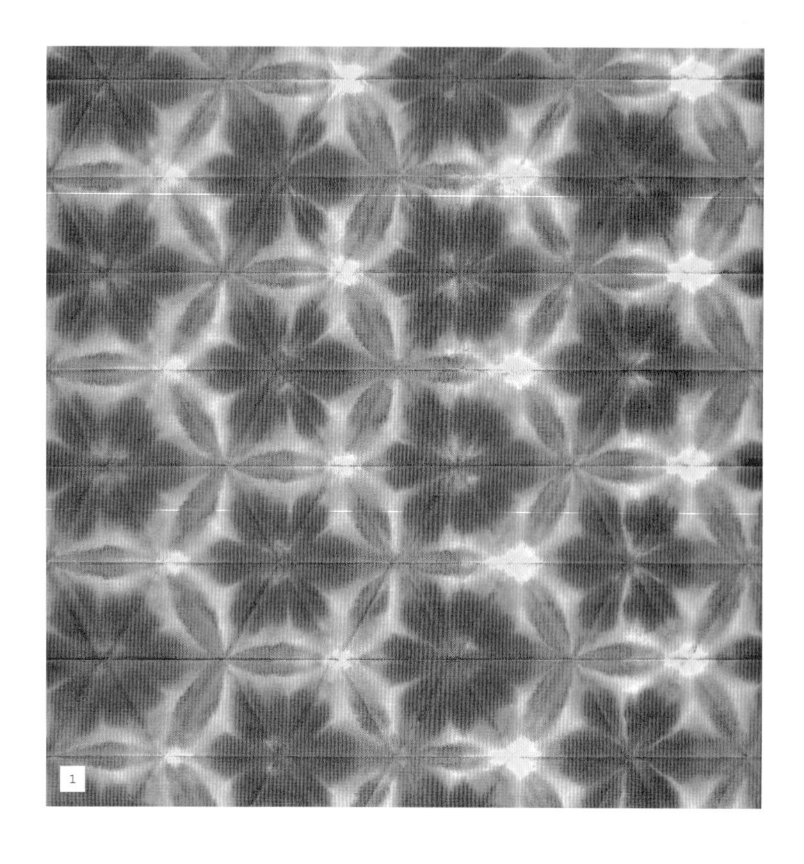

1. 扎染防染工艺。

2. 蜡染工艺的印花效果。

3. 扎和染的工艺是由将面料打结，形成防染而获得的设计。

4. 扎染印花，将一小粒种子放在面料扎住的部分，从而得到图案。

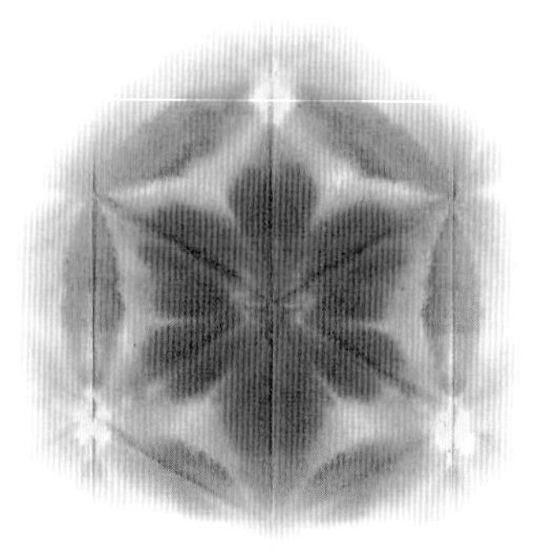

2
3
4

最终的成品

在面料上使用印花是最常见的。但有时候，纺织品设计师常常在服装的一个特定位置（低领、口袋、袖子或是Ｔ恤）、在手帕或是围巾上、在配饰（包袋、皮带、袜子、手套等）、在装饰部件（补丁或是装饰）或是标签上使用印花。

在设计时，另一个必须考虑的因素就是服装的市场定位。图案的造型和颜色在织物上的应用，会根据服装的用途而大不相同，如婴幼儿装、童装、男装、女装、派对装、婚礼装或是礼仪服装、内衣、泳衣或是运动装等。设计师往往应该选择专攻一个细分市场来进行设计。同时，设计师的能力越全面，则就业机遇也越多。

有时候，纺织品设计师和时装设计师没有任何的联系。在这些情况下，公司或时装设计师将会在设计博览会上购买已完成的设计面料或通过专门的纺织公司进行订购。

在其他情况下，创造性的合作伙伴也有着非常紧密的合作关系，他们一起合作，从最初的产品设计陈述到最后的产品贴加标签，直至完成最终的产品。

同样，纺织品设计师会接到时装公司的定制任务，根据公司每一季服装系列的概念来设计印花，这也是一种十分常见的情况。

1. 印花由斑驳的图形和不规则的笔触组成，赋予服装一种放荡不羁的视觉效果。来自 Sharon Wauchoy 公司。

2. 模仿梭织格子呢，由不同颜色、不同比例的连续的几何线条形成图案。来自 Basso & Brooke 公司。

3. 由不同纤维和不用颜色的纱线形成图案设计。来自 Louis Feraud 公司。

1

2

3

灵感来源于东欧国家的民俗文化。由 Atelier Lzc 为 Adieu Tristesse 公司设计。

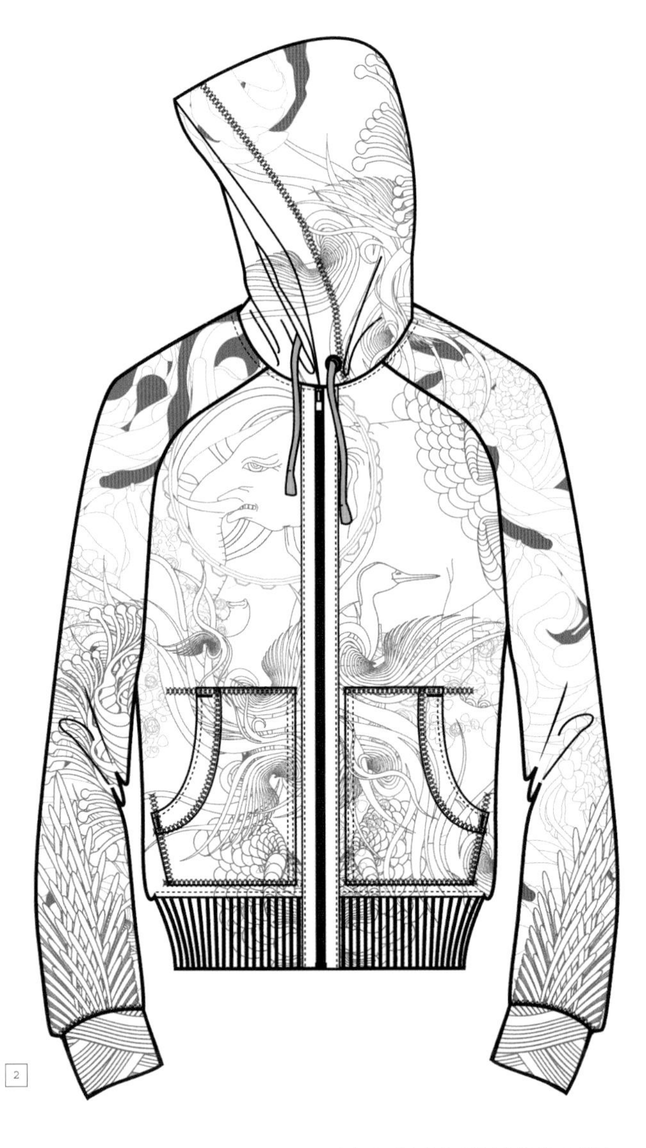

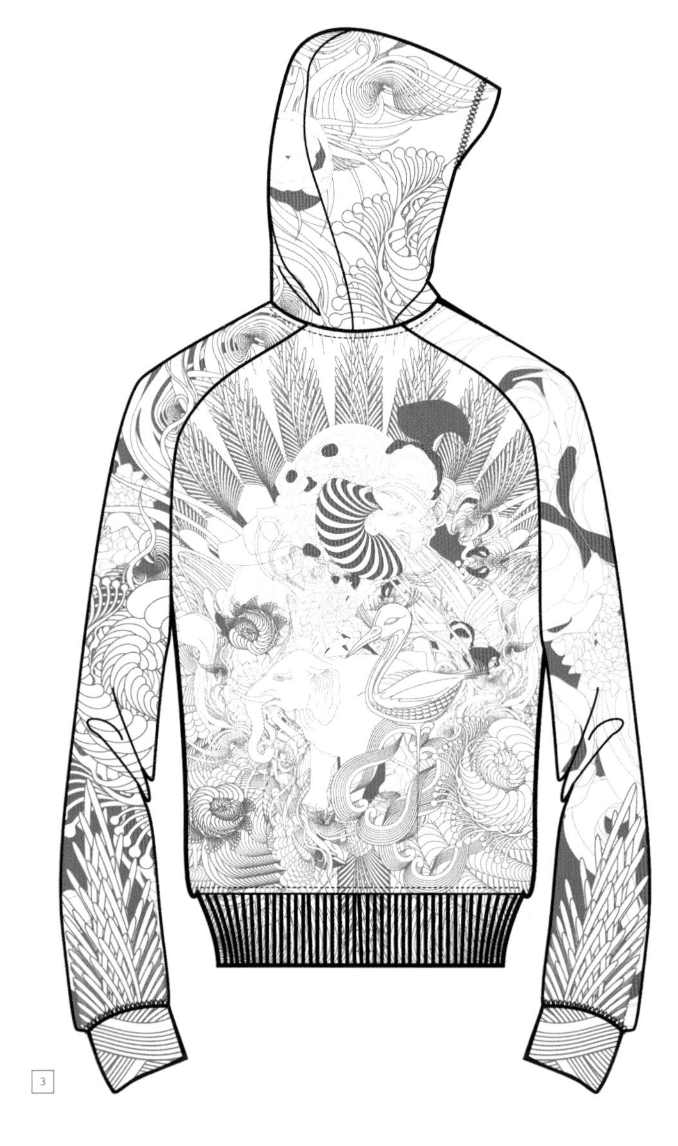

1. 命名为《大象》的图案设计工艺图。来自 Artful Dodger 公司。

2–3. 设计作品《大象》，运用了刺绣和印花。灵感源于印度图腾，应用于街头风格的外衣系列。由 Inocuo The Sign 为 Artful Dodger 公司设计。

4. 《大象》设计作品应用在套头衫上。来自 Artful Dodger 公司。

风格和主题——图片库

植物花园

花卉、树叶、浪漫主义、波普灵感

花卉和树叶主题是服装图案中不变的灵感来源，感谢它们为美提供了无限的可能性。通常，廓型和色调定义了服装的特点，甚至定义了整个服装系列的风格。比如这个小花和它柔和的色调，给予服装浪漫唯美的感觉，这些令人兴奋的造型和迷幻的色调，形成了从波普风格至民族异域风格各异的风貌。

尽管花卉图案设计与自然紧密相连，但它仍然给设计师带来无限的自由，通过想象创造出精致的构图，将设计师的服装演绎成一件件艺术品。

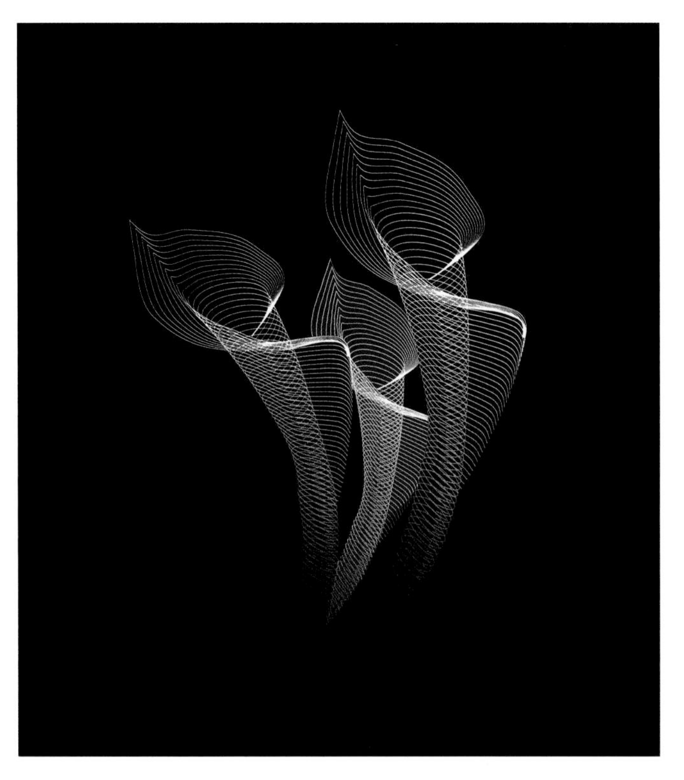

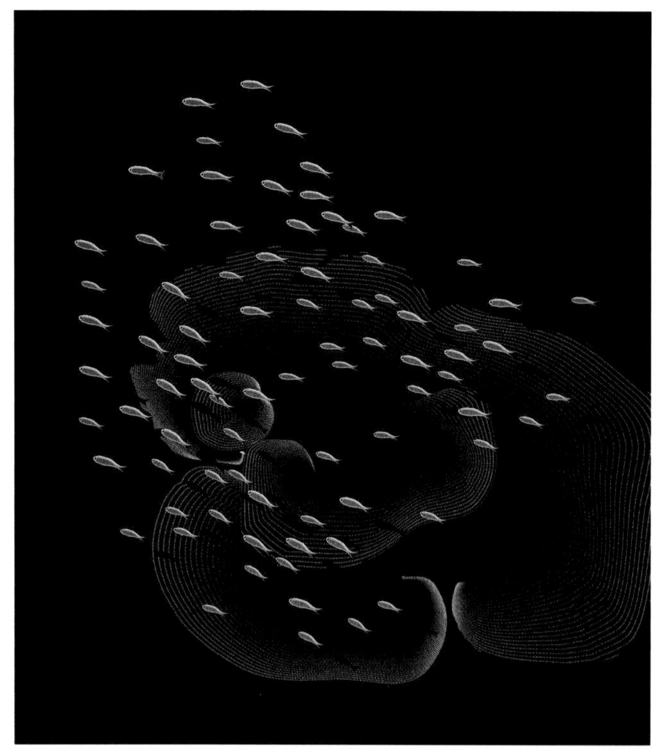

灵感来源于自然并由独立的几何物体构成的矢量图。通过形状、位置、色彩等不同的数学属性来定义这些几何物体。由 RafaMollar 设计。

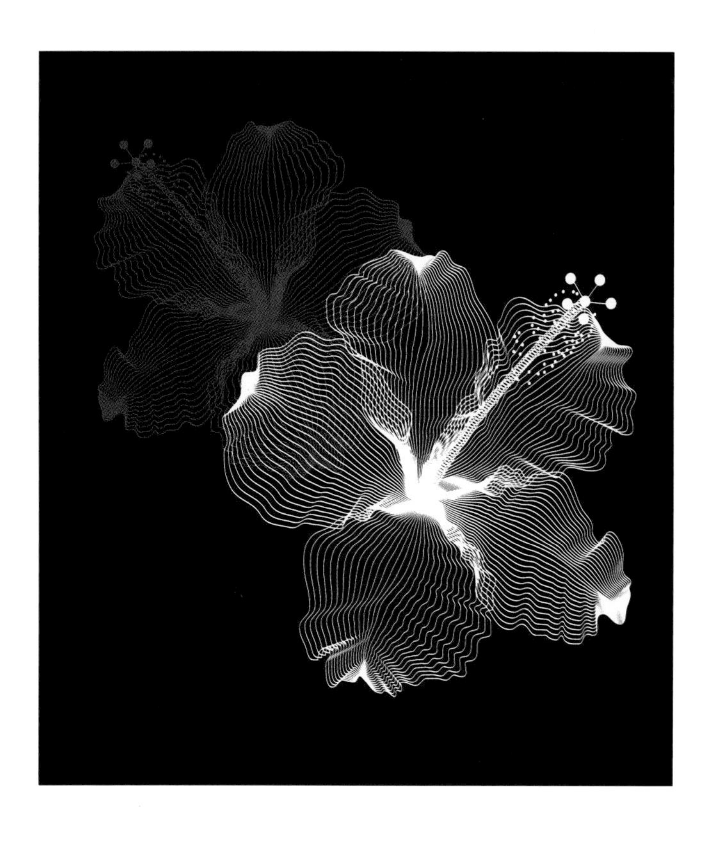

花卉主题是一个用之不尽的灵感来源。这里的图像表现出了从抽象到具象的各种丰富变化（来自全球时装网）。

图案中变化万千的图形大小和色彩创造出了多种可能性的独特组合。来自 Sisters Gulassa 公司。

1

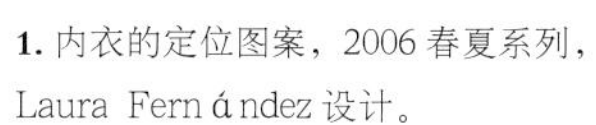

1. 内衣的定位图案，2006 春夏系列，Laura Fern á ndez 设计。

2–3. 循环印花设计，2006 春夏的浴室设计系列。来自 Oysho 的设计。

4–5. 内衣系列的部分定位图案。2006 春夏系列。由 Laura Fern á ndez 为 Oysho 所做的设计。

几何图案

线条与圆

服装设计师常常用几何造型来设计服装的图案。矩形、菱形、梯形、三角形和圆形在空间中形成体量，并确保了服装在人体身上获得生命。印花的线条可以产生有趣的效果，它们可以甚至重新定义服装的剪裁，甚至可以提升服装的版型。

由于几何图案的色彩斑斓和独特的视觉效果，最早开始在印花中使用几何图案的是早在 20 世纪 60 年代的意大利设计师 Emilio Pucci。之后，在 20 世纪 80 年代，随着 Pucci 开创的几何潮流，意大利设计师 Krizia、Gianfranco Ferr é 以及 Gianni Versace 在秀场上大量使用几何图案设计，而这一趋势一直延续至今日的时装界。

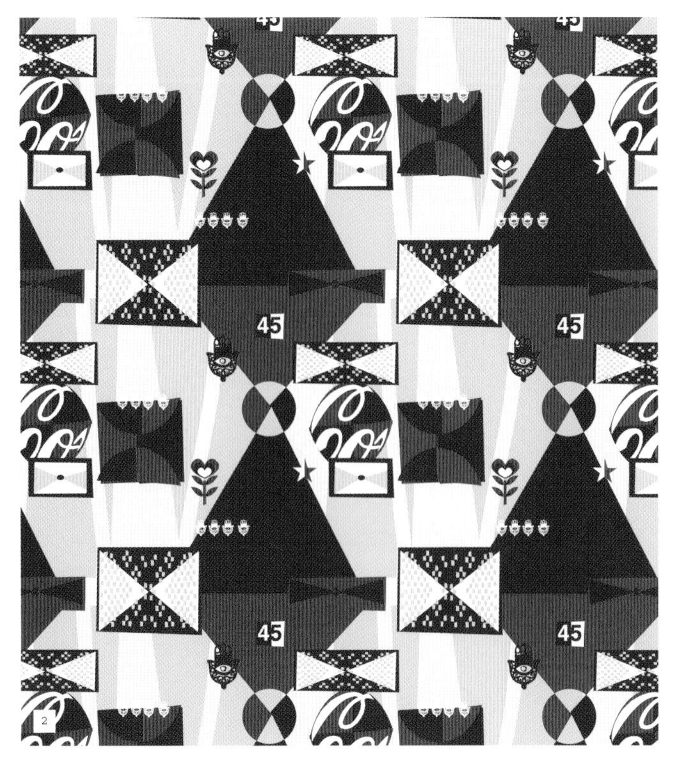

1. 数码处理使图形呈现出多样化的视觉效果（WGSN）。

2-3. 几何图形与数字的组合，形成了一种民族风格的印花图案（WGSN）。

3. Hanna Werning 为 House of Dangmar 公司所设计的创意图案系列。2008 春夏。

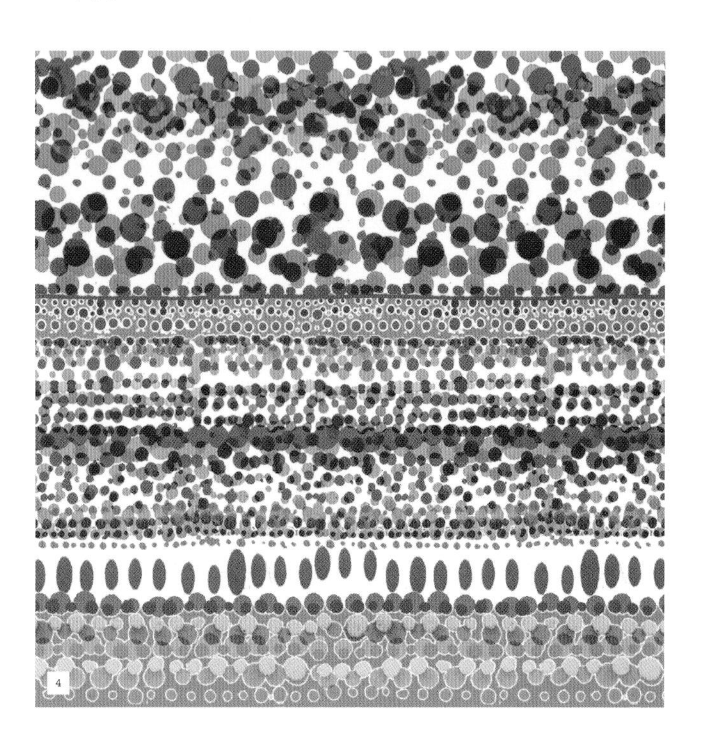

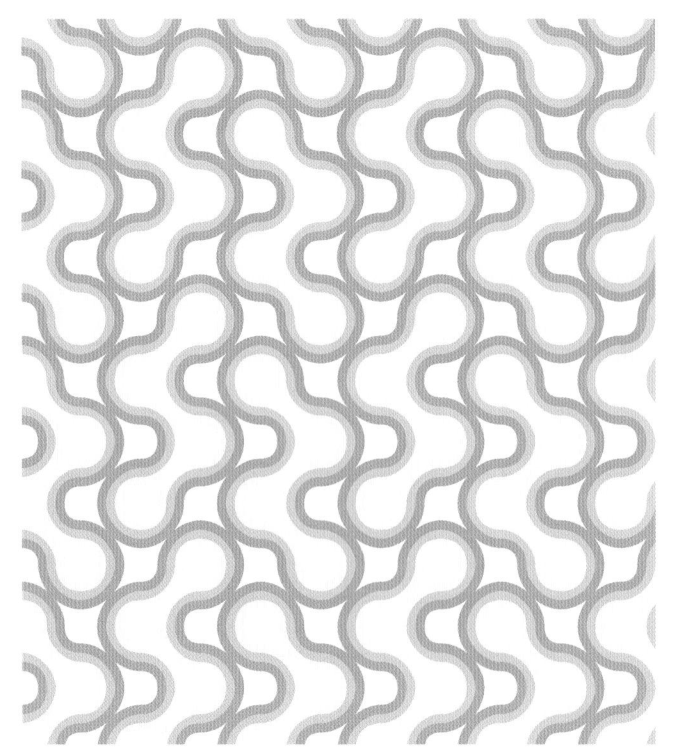

纽约设计师 Aimée Wilder 的设计灵感来源于当代图形艺术和设计界，并将灵感运用在他的纺织品设计上。

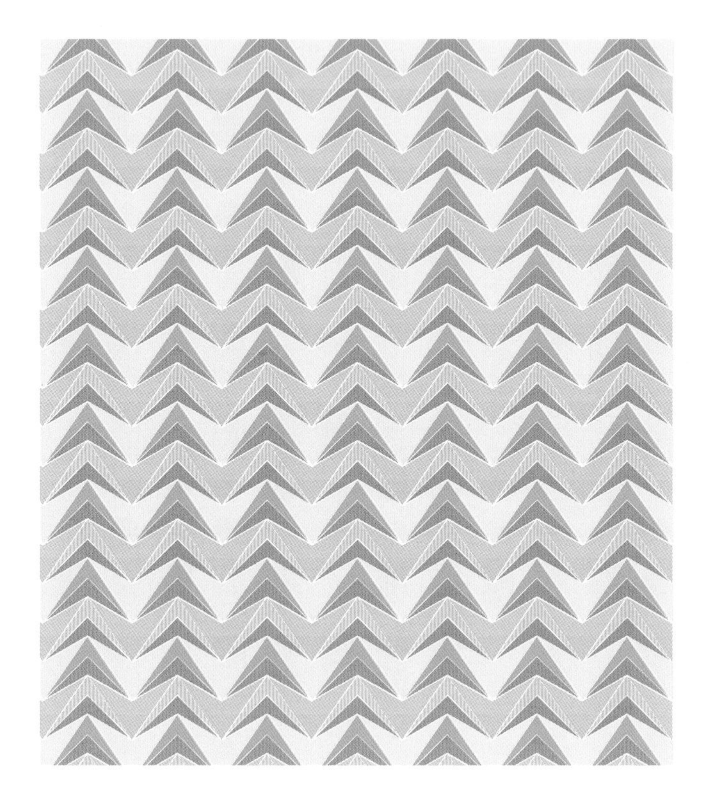

1-2-3-4. 相同图案的不同色彩变化的循环图案设计。由 Aimée Wilder 设计。

5-6. 灵感来源于日本传统美学的几何纹设计。

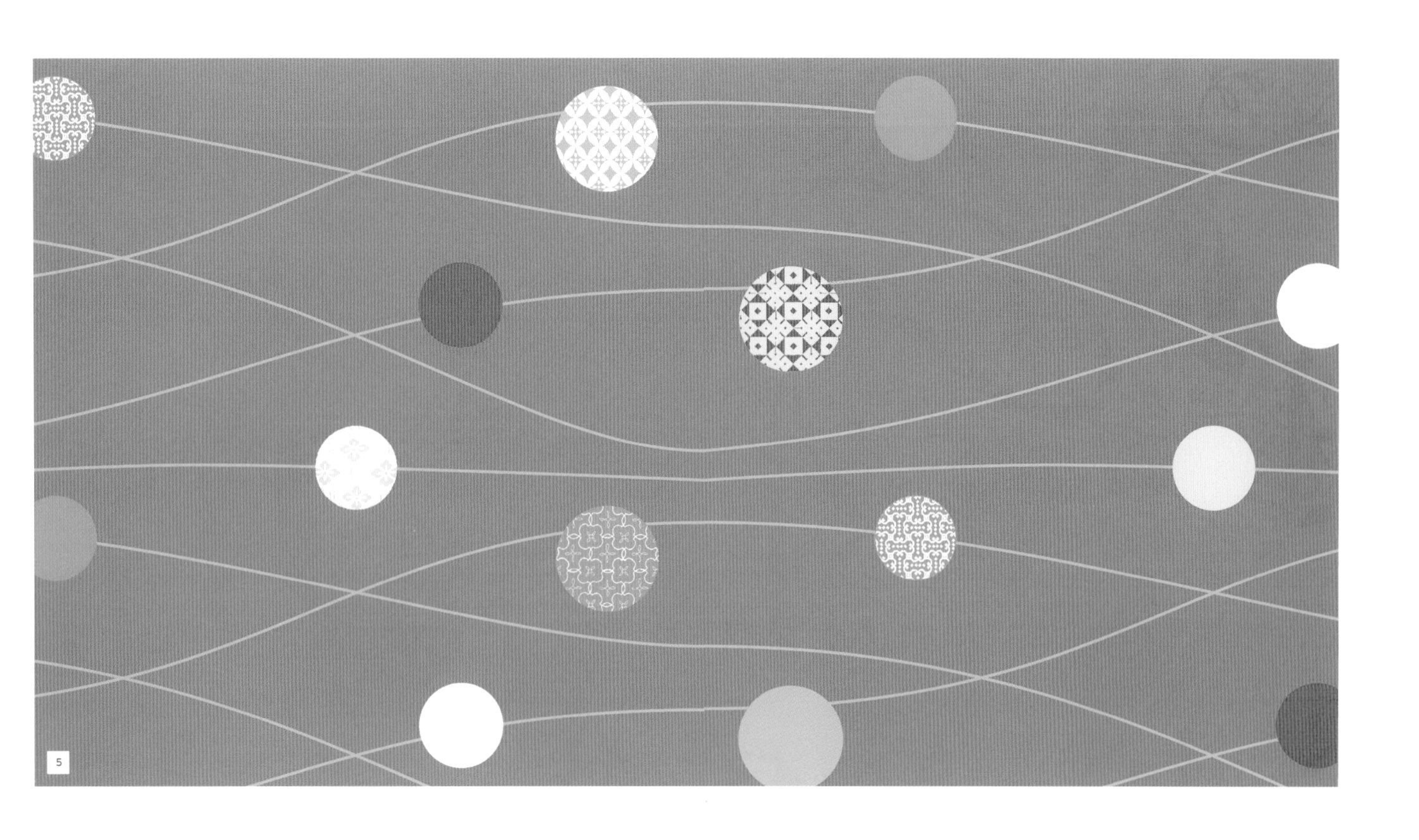
5

6

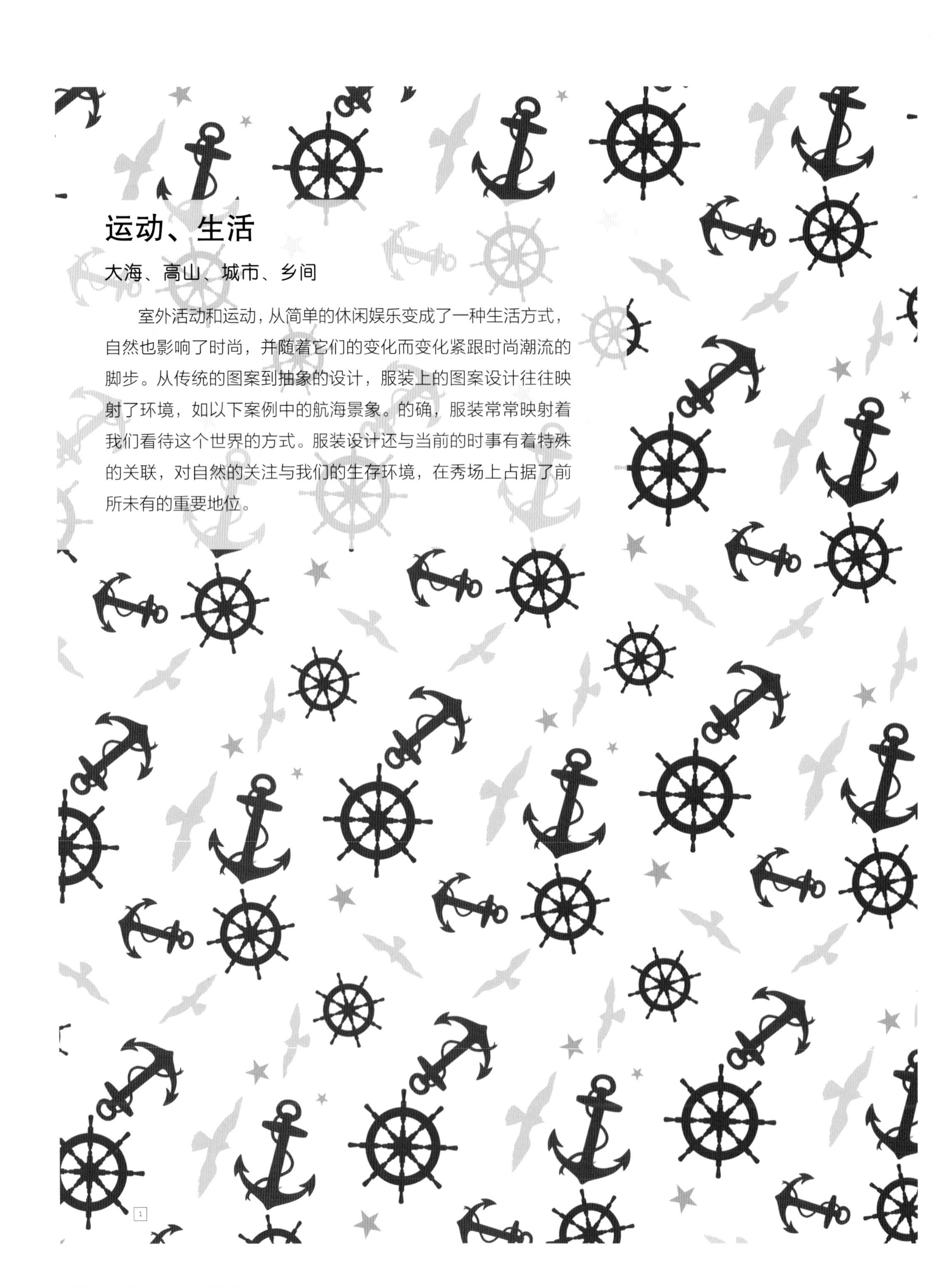

运动、生活

大海、高山、城市、乡间

室外活动和运动，从简单的休闲娱乐变成了一种生活方式，自然也影响了时尚，并随着它们的变化而变化紧跟时尚潮流的脚步。从传统的图案到抽象的设计，服装上的图案设计往往映射了环境，如以下案例中的航海景象。的确，服装常常映射着我们看待这个世界的方式。服装设计还与当前的时事有着特殊的关联，对自然的关注与我们的生存环境，在秀场上占据了前所未有的重要地位。

1

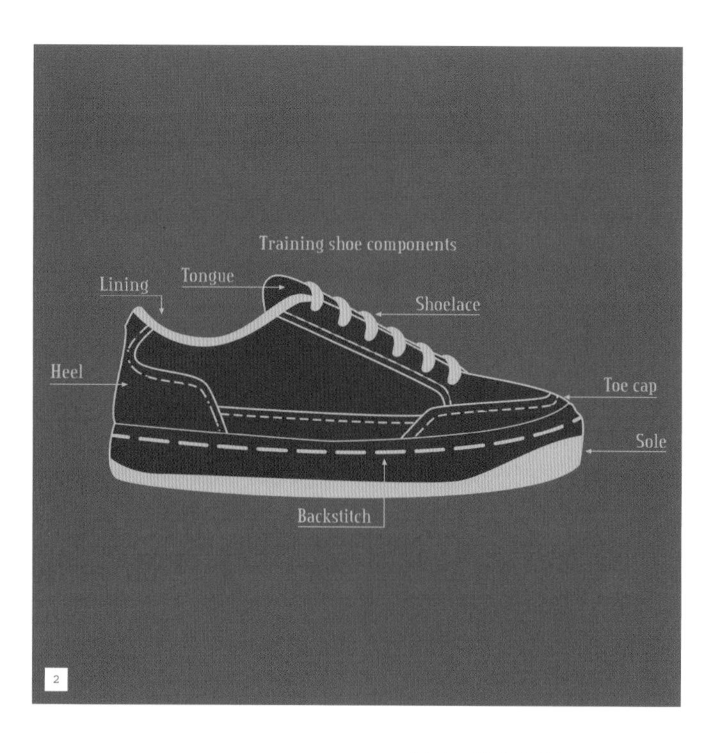

1. 灵感来源于航海主题的设计运用。由 Aim é e Wilder 设计。

2–3–4–5. 最初的设计稿及在不同服装上的运用。来自 Giulio 公司。

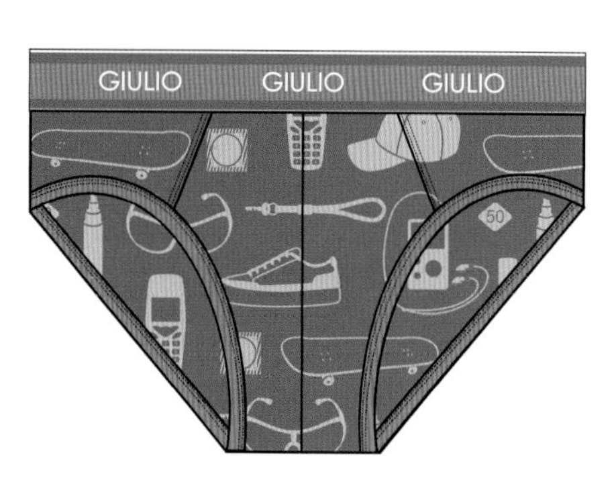

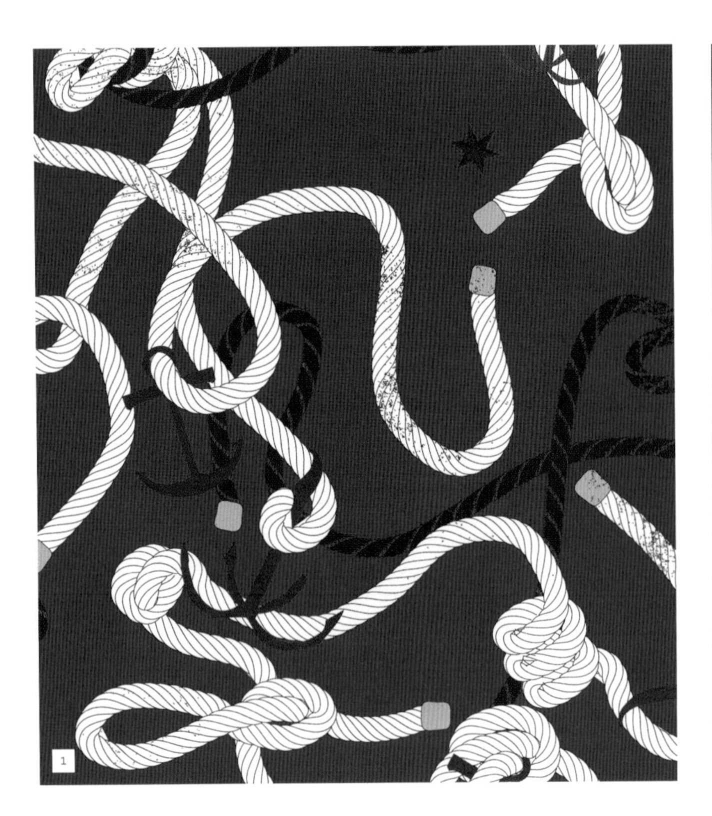
1

2

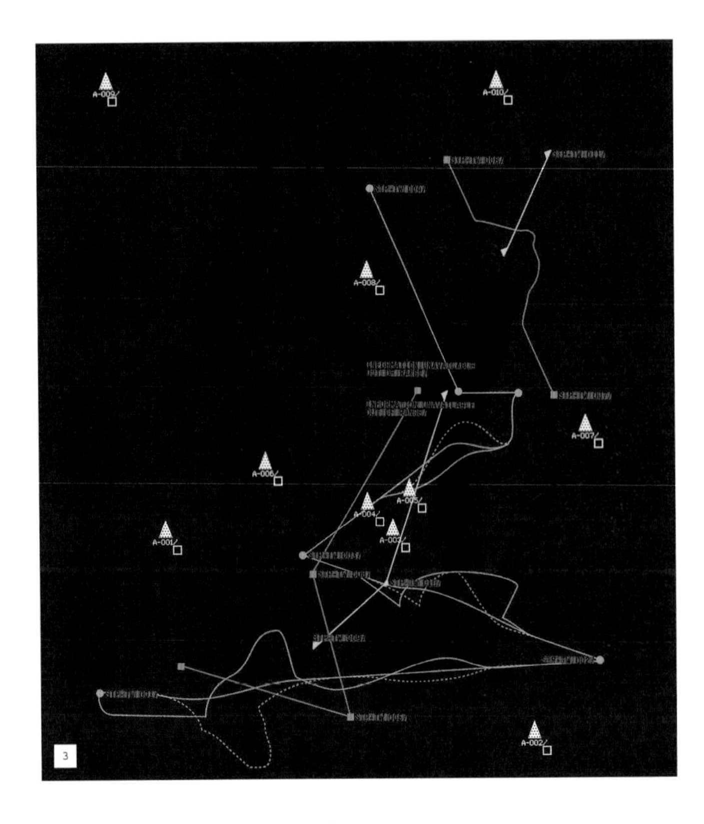
3

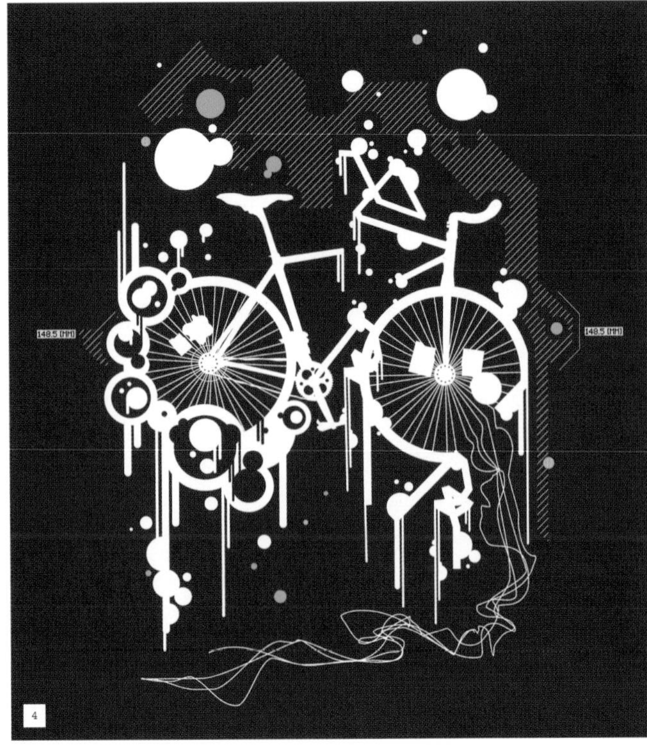
4

5

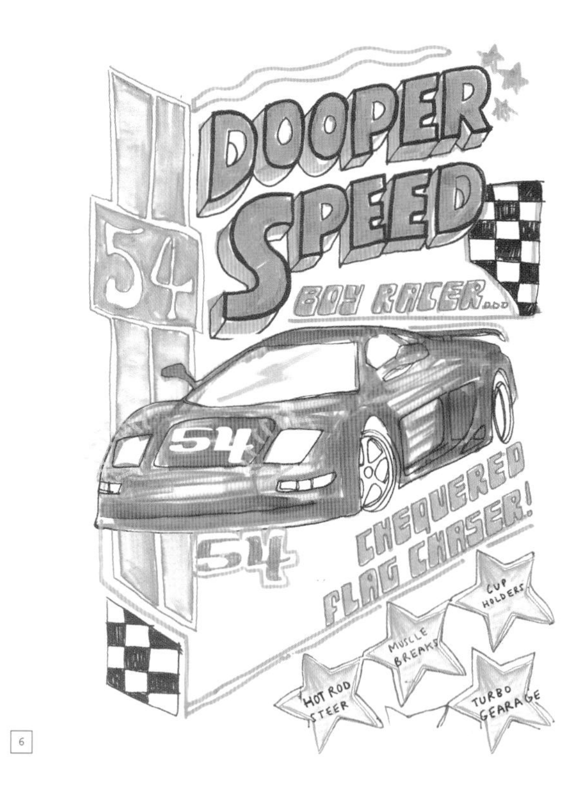

6

1-2-3-4-5. 运动元素在纺织品图案上的运用（WGSN）。

6-7-8. 用于T恤图案上的丝网印效果图（WGSN）。

7

8

KULTE
THE STANDARD OF EXCELLENCE
IN ALL COLOR OF THE REAL LIFE

MOTORAMA
The genius of Detroit
TRADE
MARK
Championship Equipment
The Most exciting & unique creations in the Motorcicle World

2

3

1. 将图形与字母结合的图案设计。来自 Kulte 公司。

2-3-4-5-6. 运用色彩表现的摩托车和汽车插图的复古儿童T恤图案。

4

5

BAJA 1000
The most famous of all
Off- Road Racing
Since 1967
ENSENADA, MEXICO.
BAJA CALIFORNIA

6

童话故事

仙女的故事和寓言故事

传统与想象力创造出了童话故事和寓言故事，在全世界广泛传播。仙女、精灵、怪物、巨人，甚至巫婆和恶魔，组成了故事中基本的人物角色，这些常常可以在民间传说中找到原型，也在设计里体现了一段时期内的审美影响。

虽然它们常常出现在婴幼儿服饰中，但是，这些充满想象的主题、五彩斑斓的色彩以及从传说故事中获得的灵感也出现在成人服装的各种风格和图案设计中。

灵感来源于寓言故事的 T 恤图案（WGSN）。

1

2

1.20 世纪 70 年代的磁带封面图案运用于女孩 T 恤的定位图案设计。

2. 童装设计图案，反映了历史悠久的古典审美。

3

4

Lost Doggie
If you find him
please look after him.
Thank you

5

6

3–4–5–6. 源于卡通插图的童装图案设计。

7–8. 灵感来源于糖纸和20世纪50年代童年的设计。由Laura Fernández设计。

12
Gum Balls
a whole pack of
NET WT.
35 OZ
juicy flavors!

7

8

JUNGLE
LACASITA
DREAMS
KING OF THE BONGO!!
NATURE
AFRICA
WENDY

1

POP
La casita de wendy
MILK
FRUIT
sandwich
GRAPES
tea
LUNCH
PIZZA

2

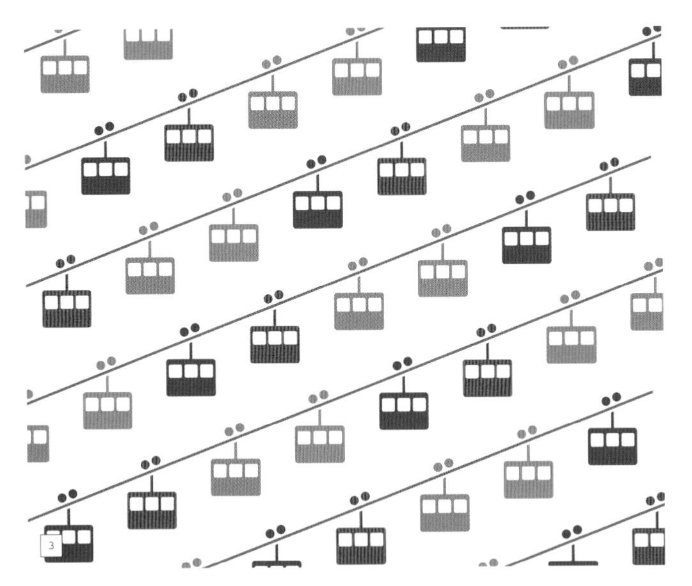

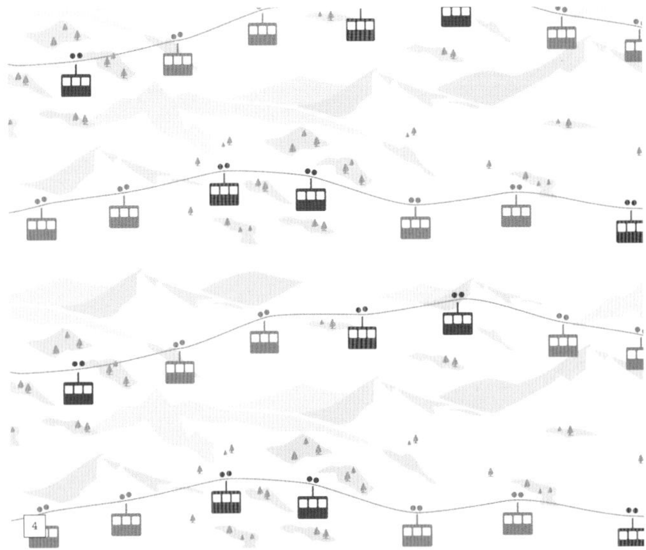

1-2. 简单的线条和天真的图案设计。来自 La Casita de Wendy 公司。

3-4-5-6-7. 童装面料的循环印花图案。由 Aiméе Wilder 设计。

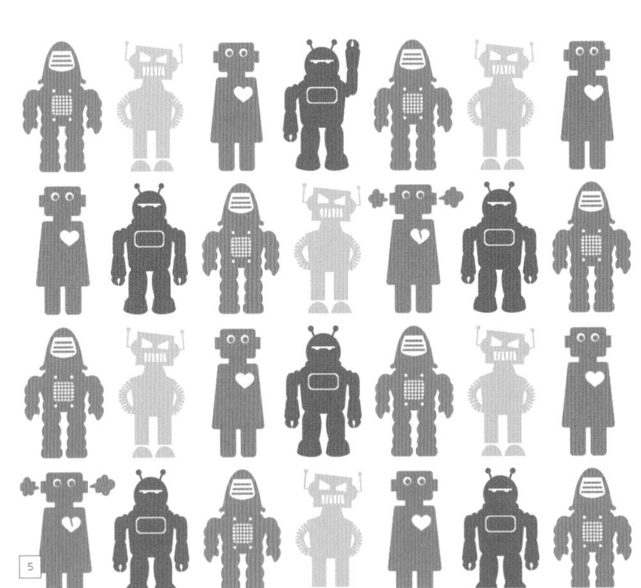

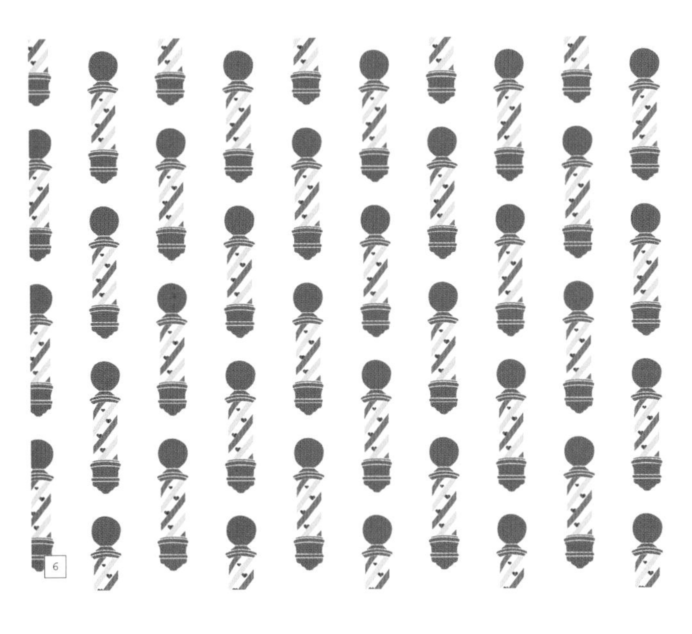

诺亚方舟

真实和想象中的动物

在那些寓言小故事里，有各种各样的角色，其中大多是动物，它们代表了人类的性格。这些动物形象的图案常常出现在儿童服饰中。它们是有性格、有色彩的，甚至与现实中的形象相距甚远，这类图案设计往往模仿小孩想象中的动物形象。在成人的世界也是一样，动物常常是一种象征，可以代表英雄的、异域的或者田园的风貌。

用于循环印花的动物图案。
由 Aimée Wilder 设计。

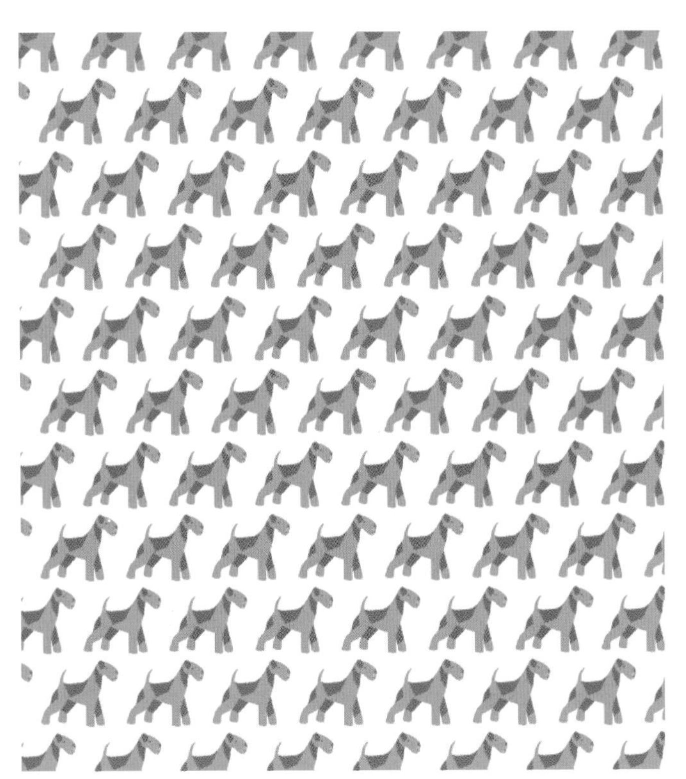

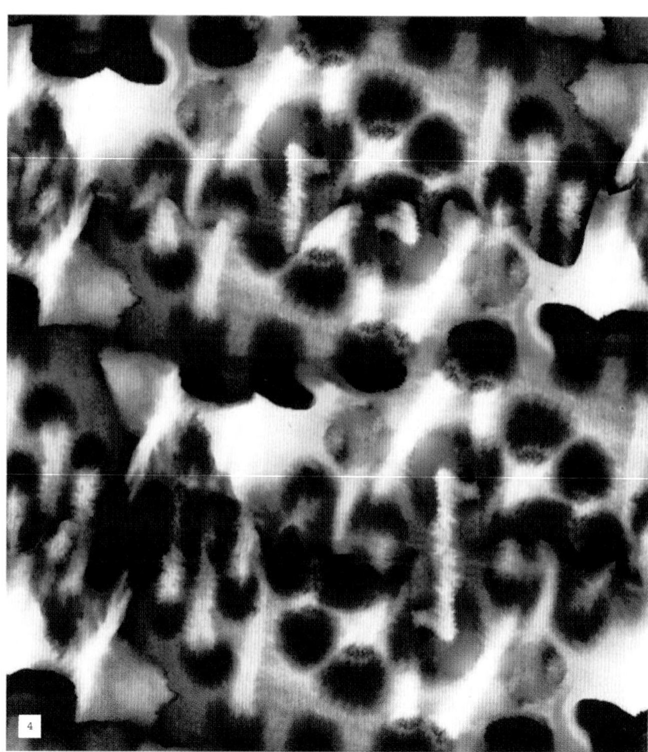

1-2-3-4. 用一种近乎逼真的形式表现了动物皮与羽毛的图案（来自全球时装网）。

5-6-7-8. 动物轮廓的循环印花（来自全球时装网）。

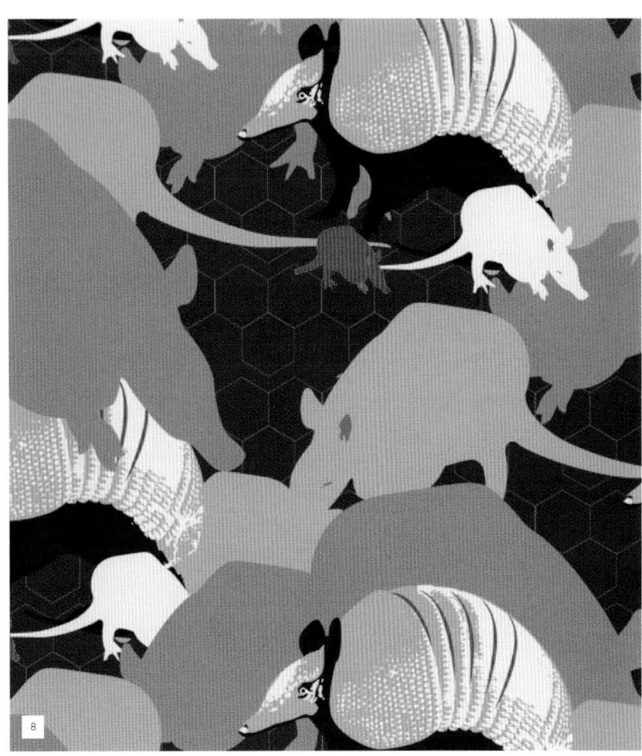

1

2

3

4

1-2-3-4-5. 针对儿童市场的动物主题的定位印花设计（来自全球时装网）。

6-7-8. 童装的定位印花（来自全球时装网）。

1

2

3

1-2. Perros 为 DivinasPalavras 公司设计的 2005 春夏 T 恤印花系列。

3-4-5. 鹦鹉、蝙蝠和昆虫的设计系列。由 Laura Fernández 为 Giulio 公司所做的设计。2008/2009 秋冬系列。

异国之旅

非洲、亚洲、南美洲

外国的意象就是异国情调。这是在追求一种风格迥异的图案样式，带你去一个充满想象并有着一点冒险精神的世界。各种关于遥远的地域和不同时代的图像，这个主题中将精神传递到想象场景中，吸引人本能地去探索与体会那些不寻常和特别的东西。

在这种以民族为灵感来源的图案设计中，常常基于非洲、亚洲和南美洲丰富的图像。这种主题每年都会在秀场上出现，再现了异域文化的风景、日常生活的景象以及抽象设计的图形和色彩。通过当代设计师的眼睛，这些形象被重新演绎成更有视觉冲击力的印花图案。

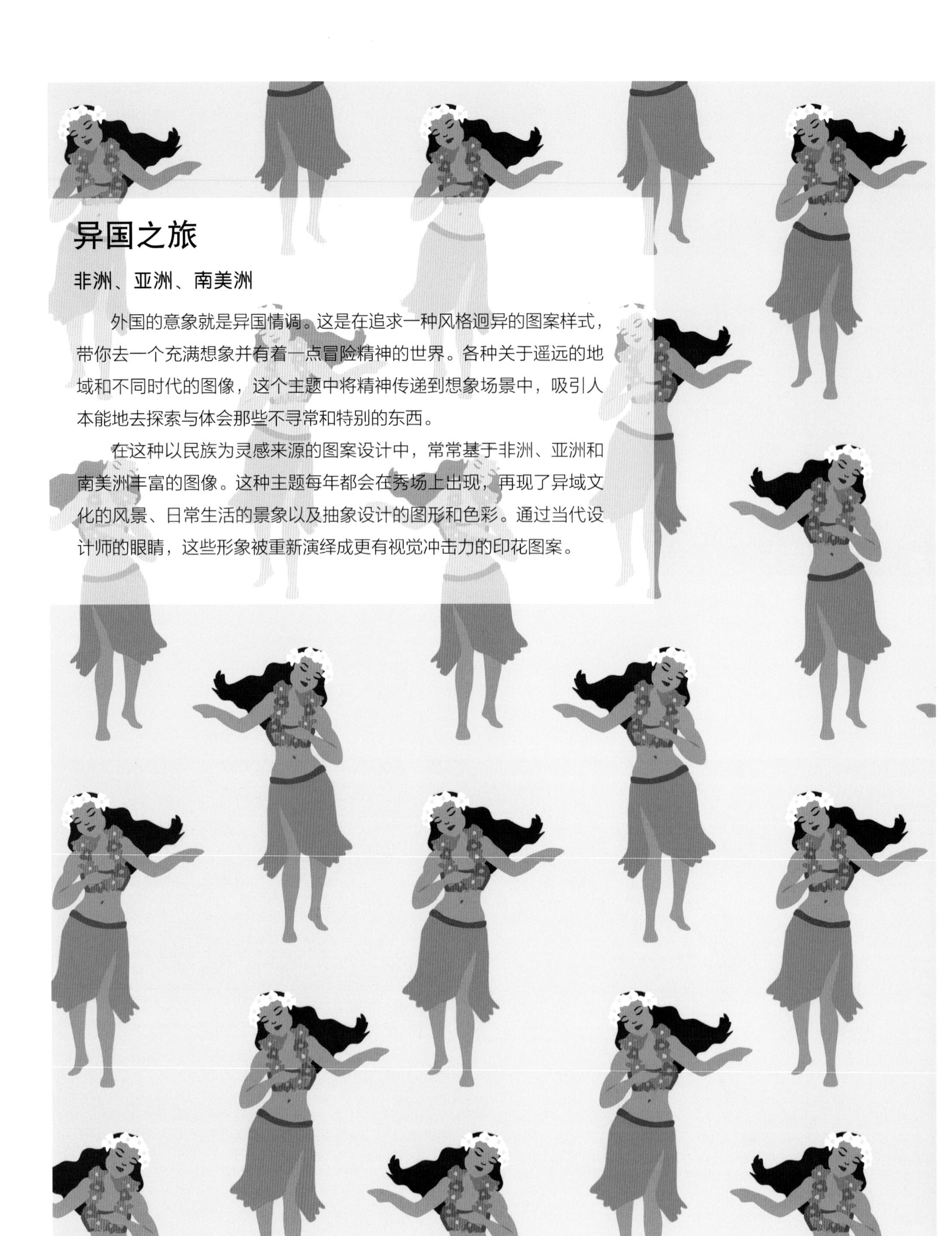

2

3

1. 夏威夷元素的图案设计。由 Aimée Wilder 设计。

2-3-4-5. 热带花朵图案。由 Laura Fernandez 为 Xbaby 公司和 Massimo Dutti 公司所做的设计。

4

5

2

3

2–3. 灵感来源于阿拉伯字体的印花图案。由 Sisters Gulassa 公司设计。

1–4–5. 反映亚洲文化的图案和色彩。

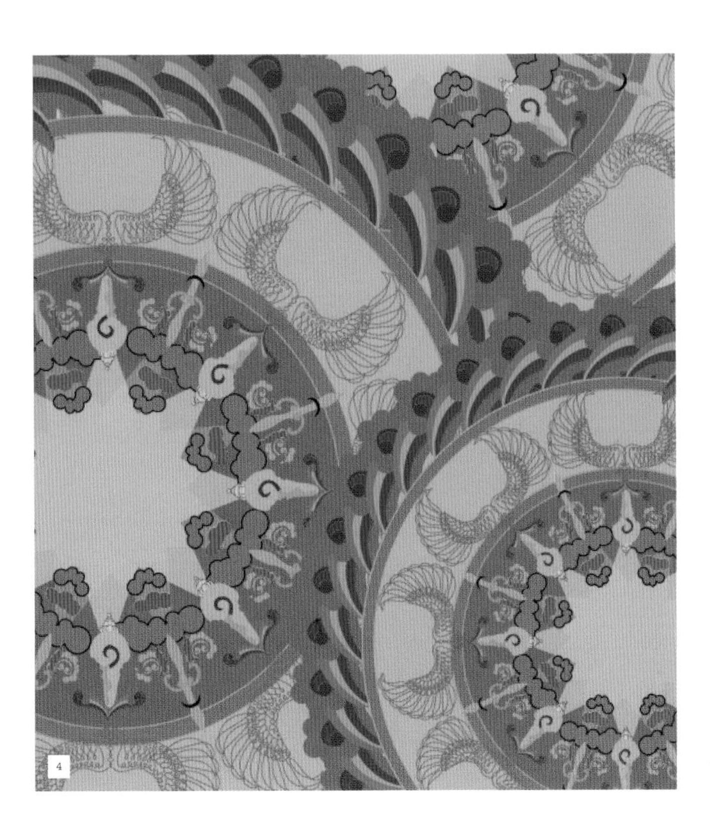

4

5

1. 运用在连帽运动衫上的正反刺绣矢量图。“Cutter Lad”系列。由 Inocuo The Sign 为 Artful Dodger 公司做的设计。

2. 以 1800 年的伦敦为灵感的组合设计。“Cutter Lads”系列。来自 Artful Dodger 公司。

3. 异域风情的定位图案设计。“Trip” 系 列。 来 自 Artful Dodger 公司。

4. 手绘图案的组合表现。来自 Artful Dodger 公司。

以 19 世纪旅行者因感染了某种未知的
病毒而产生的幻觉为灵感的系列图案。
来自 Artful Dodger 公司。

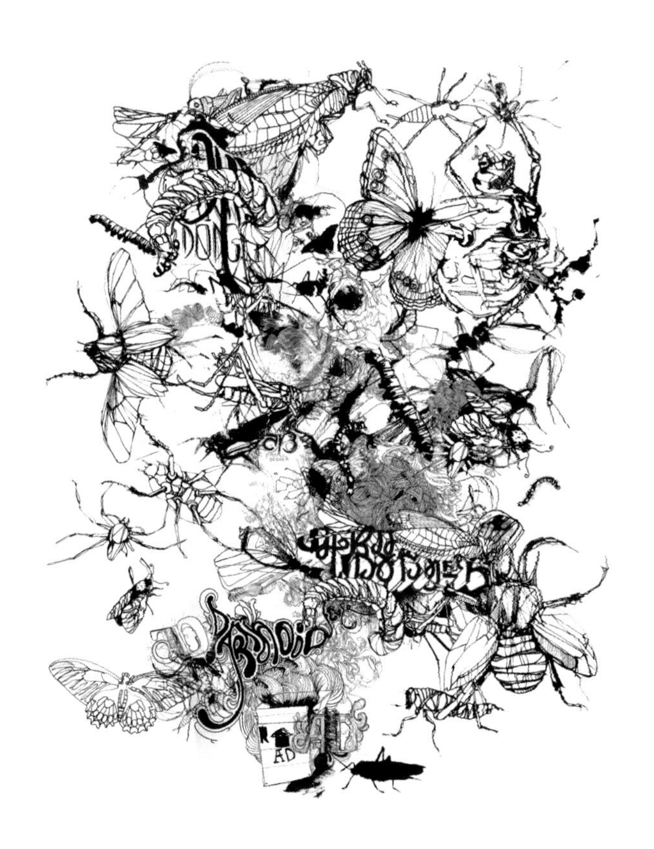

字母和数字

想法和信息

字体成为灵感的基本来源，发挥了重要作用。随着概念艺术在 20 世纪 80 年代末强势复苏，这种表达方式达到了一个新的高度。在某些情况下，通过电子手段传播的语句呈现出来。

作为一种灵感来源，字体扮演了一个基础角色。通过字体的大小和字体使用的方式，它强化了设计师想要传达的信息。

2

3

1.“新世界”插画，《人与机器》。来自 Artful Dodger 公司。

2.T 恤图案。

3. 运动衫上的“鲜血、汗水和真丝”字体图案。

4.T 恤商标图案。

5. 运动衫背面的商标图案。系列“1835”。来自 Industrial Revolution 公司。

4

5

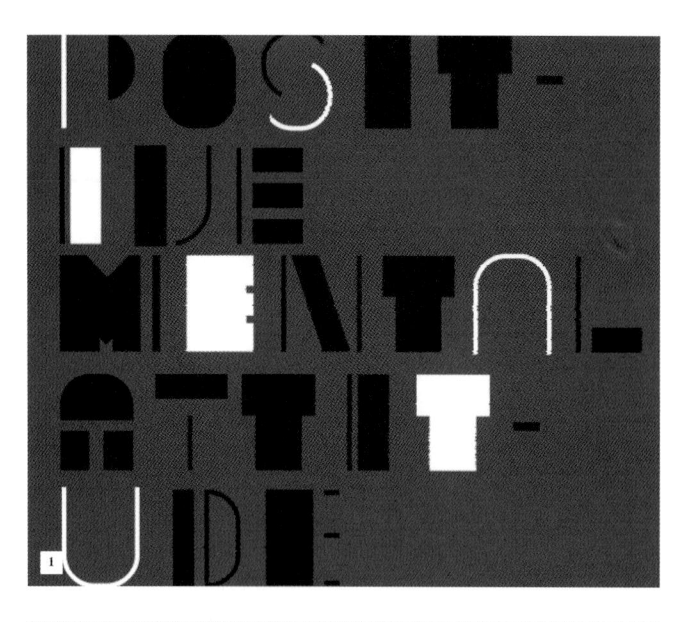

1-2-3-4-5-6. 文字的含义通过字型反映出来，每一个设计都有一个字型(来自全球时装网)。

7-8-9-10.T 恤上的丝网印图案（来自全球时装网）。

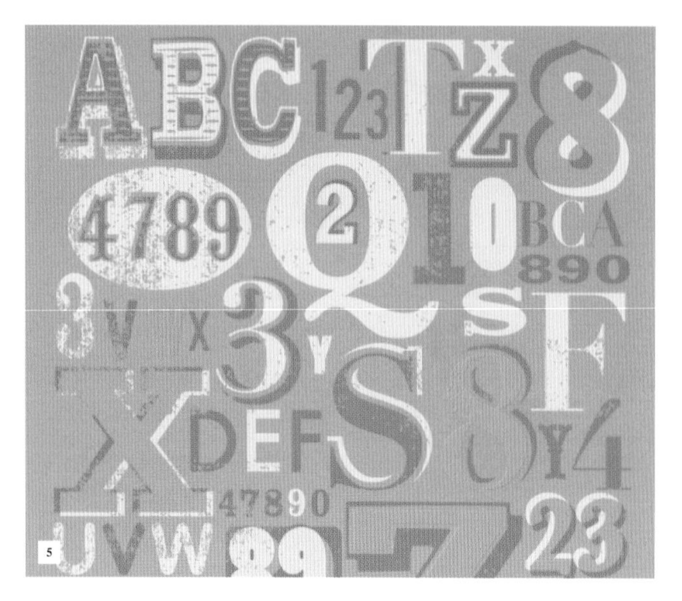

Sinful
Souls

7

SURE SHE GOT IN TRUBLE
Who WAS TO BLAME?

8

GUILTY
PARENTS

9

10

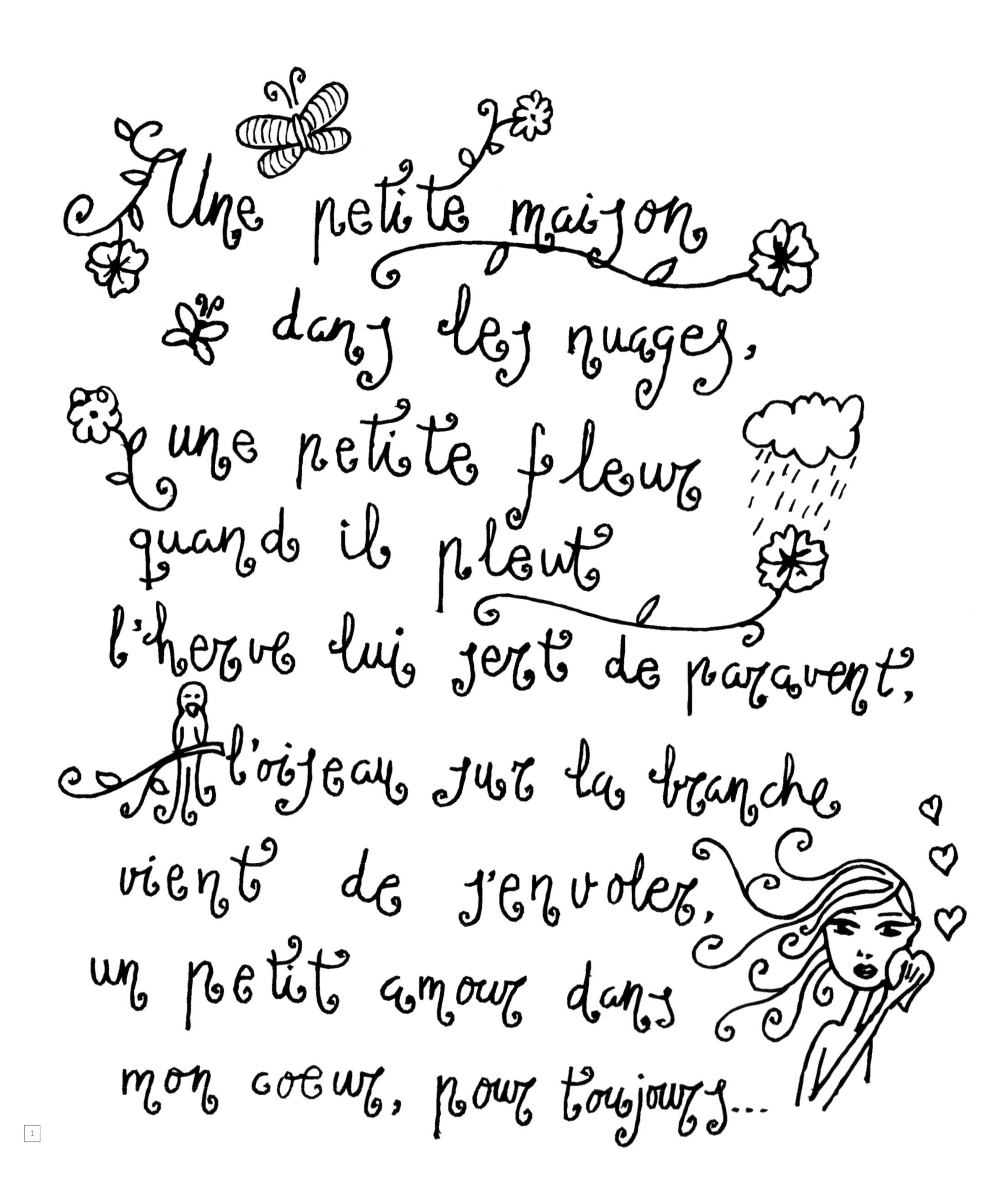

Une petite maison
dans les nuages,
une petite fleur
quand il pleut
l'herbe lui sert de paravent,
l'oiseau sur la branche
vient de s'envoler,
un petit amour dans
mon coeur, pour toujours...
1

1. 运用法语作为一种语言去呈现浪漫的图案设计。

2. 运用植物图案去加强文字信息所呈现的浪漫的图案设计。

3. 将文字和花朵结合，应用于女性T恤图案中。

4. 结合了文字的花朵与骷髅图案设计。

Lovely To See you
2

SI IL EST UNE FLEUR AU PARADIS
QU'ELLE SE PENCHE SUR LE TERRE
fleur du paradis
3

Bad girls Can be nice
4

艺术

从巴洛克到包豪斯和抽象艺术

艺术和时装在历史上就是紧密相连的。但是，尽管这两个学科相互交融并都被公认为时代的诠释者，但通常是时装设计师将艺术的世界转移到他们的创作中。从 19 世纪中期受日本艺术影响的印花图案，到 20 世纪初期的新艺术派，经过包豪斯的理性主义，波普艺术的嘲讽风格和极简主义，服装成为一种移动的画布。其中最优秀的例子就是伊夫 · 圣 · 洛朗 1965 年秋季系列中的那条标志性裙子，它复制了蒙德里安的几何构成。同样与艺术紧密相关的建筑在近几年中与时装有着从未有过的密切联系，这得归功于材料和工艺结构方面的重大变革。

1

1. 参考了波普艺术运动的图形与色彩设计。来自 Sisters Gulassa 公司。

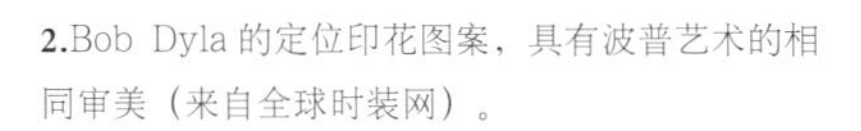

2.Bob Dyla 的定位印花图案，具有波普艺术的相同审美（来自全球时装网）。

3-4. 20 世纪艺术的多种绘画技巧中重复出现的肖像图案（来自全球时装网）。

1

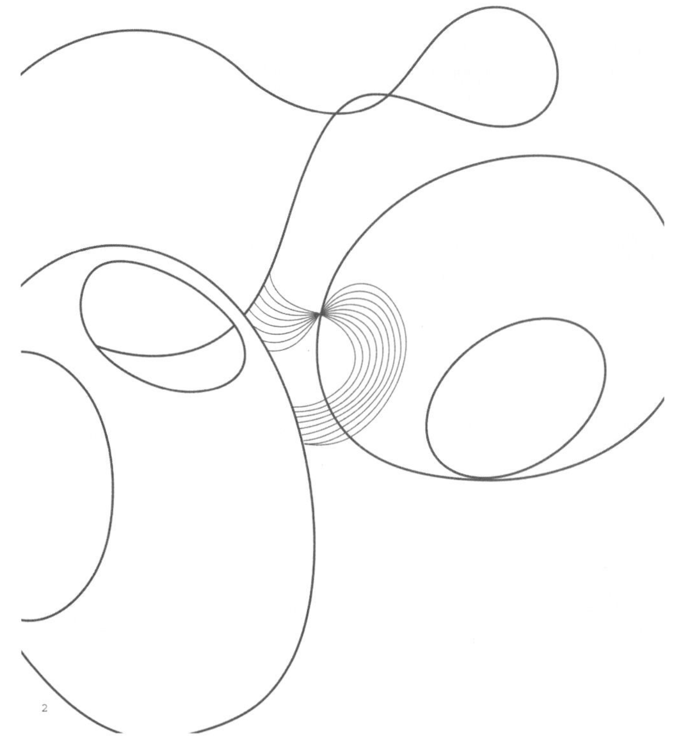

1-2-3. 由 20 世纪 60 年代的欧普艺术为灵感的图稿（来自全球时装网）。

4. 装饰艺术风格的图案（来自全球时装网）。

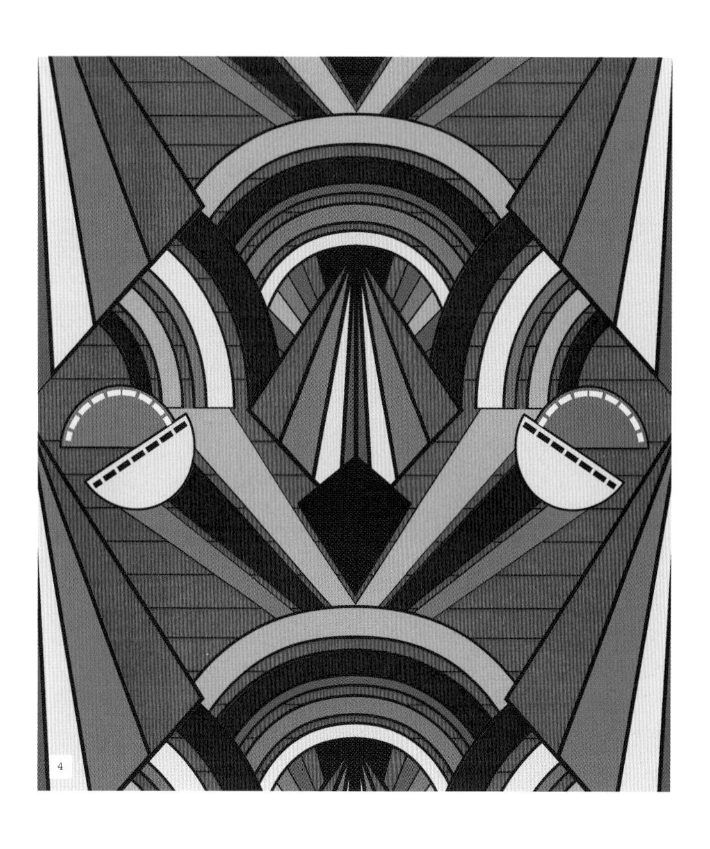

1

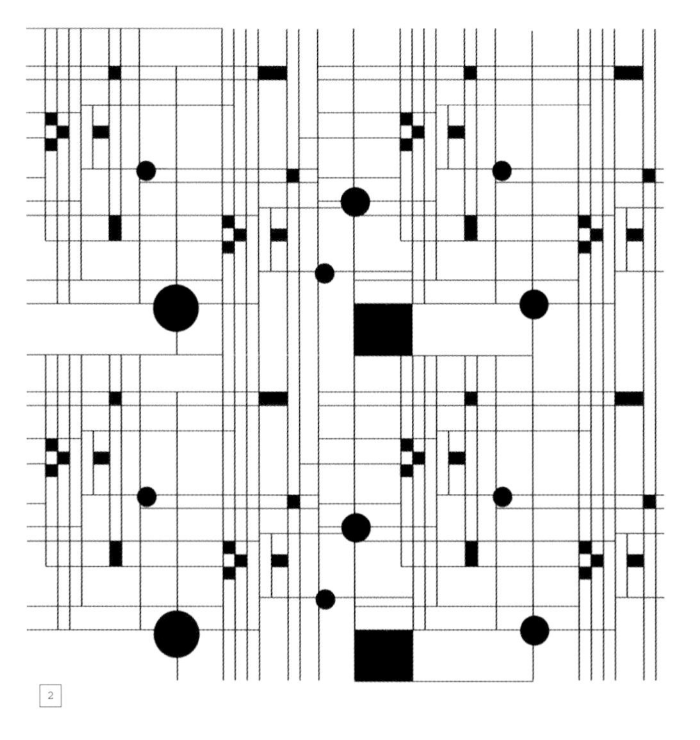

2

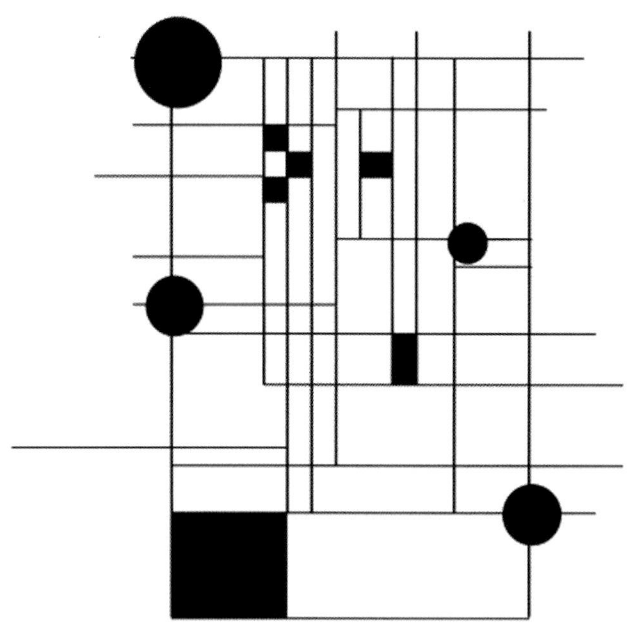

3

1. 抽象的组合反映出 20 世纪上半叶的先锋派的审美样式（来自全球时装网）。

2–3–4–5. 以包豪斯的对称性和技术合理性为灵感的印花图案。由 Laura Fern á ndez 为 Giulio 公司所做的设计，2008/2009 冬季系列。

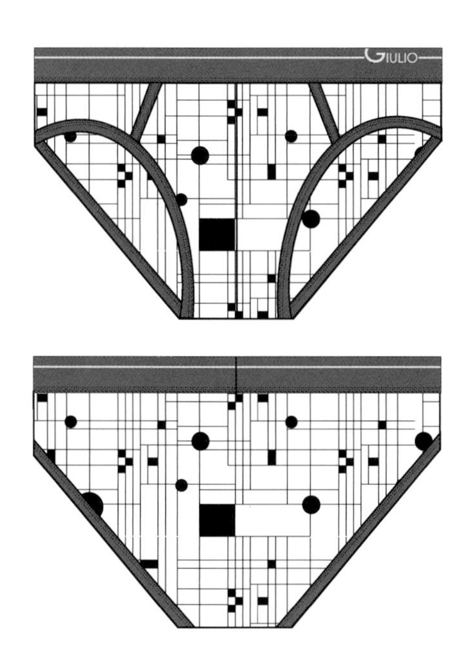

4

5

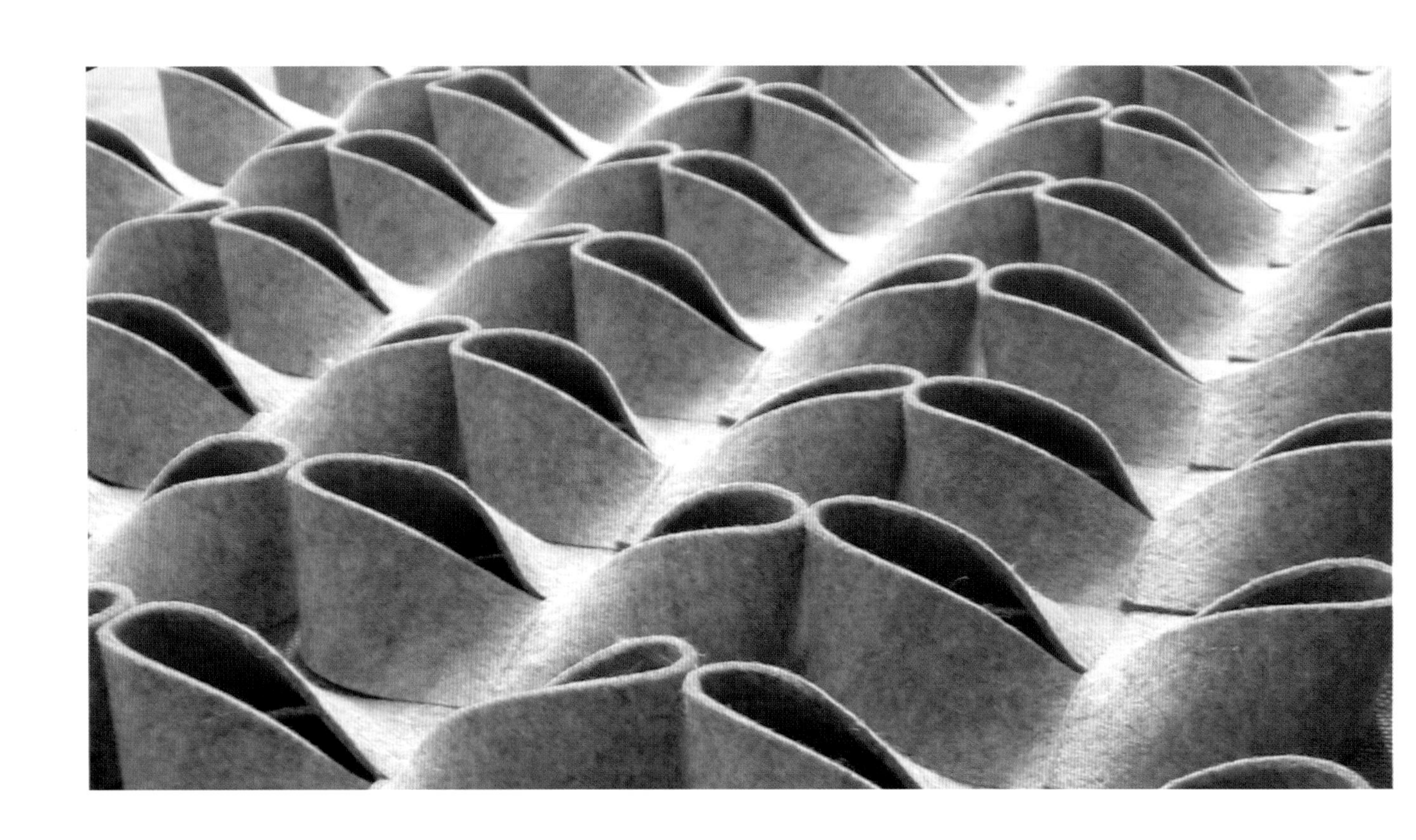

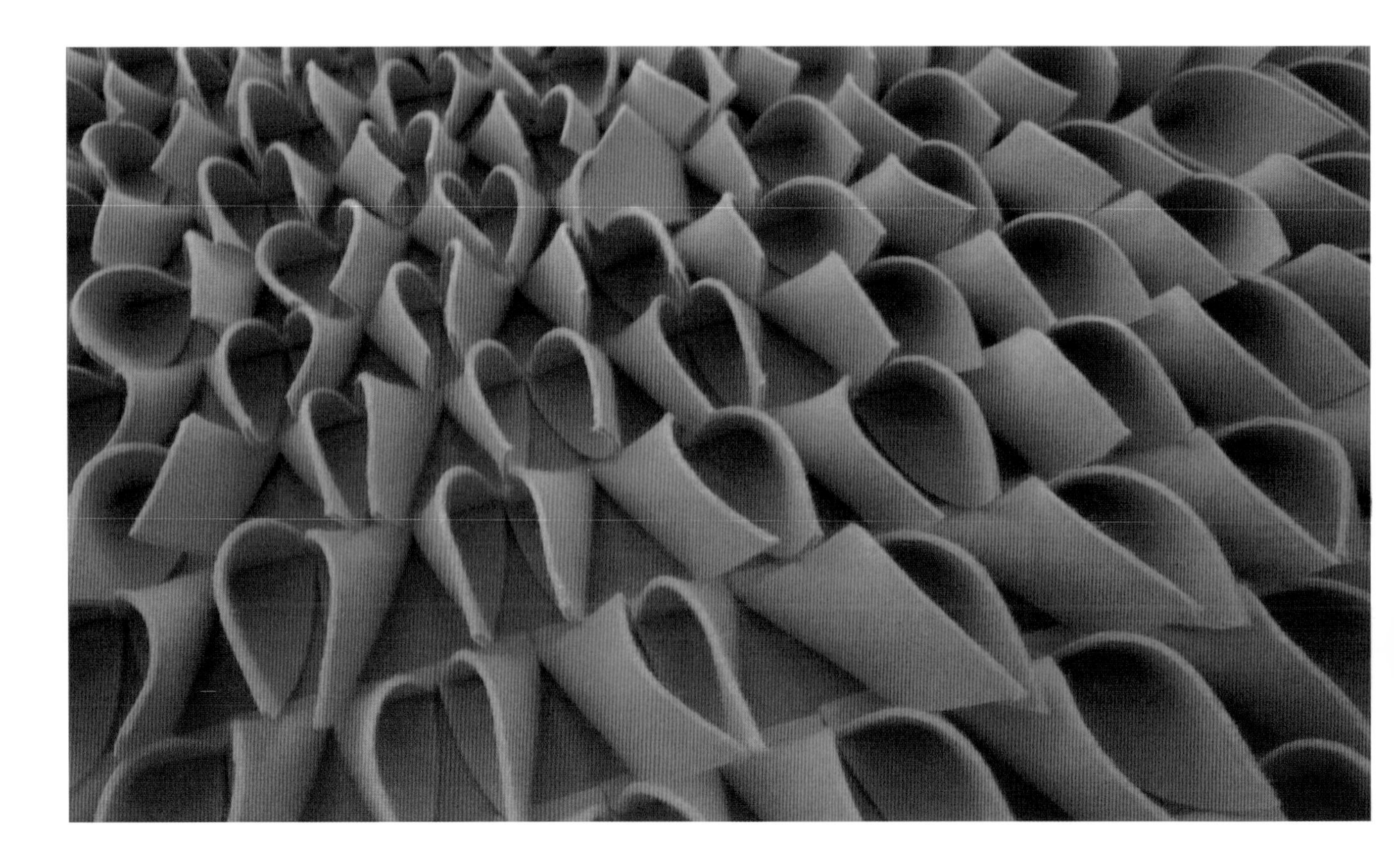

纺织品设计师 Anne Kyyrö Quinn 利用近乎建筑的结构，对形式、体量和肌理进行了尝试。

这种方法反映了刺绣的新趋势，因为在这个设计稿中，没有使用勾绘的设计稿，而是通过对面料进行处理而形成设计。由 Anne Kyyrö Quinn 设计。

新浪漫主义

从想象中设计

装饰图案的源起根植于多个世纪以来不同的文化象征。洛可可、巴洛克、古典主义、伊斯兰艺术、哥特式和罗马式只是少数的例证，这些风格催生了形式的产生，而形式的灵感来自于大自然以及祖先文化象征的升华，直到最终产生具有极致美的图像。在很多情况下，它们甚至拥有精神层面的源起（如亚洲文化中的阴和阳或是凯尔特文化中的弯曲造型）。

1

1. 女式连衣裙领口的数码定位印花设计。由 Laura Fernández 设计。

2–3. 有墨西哥死亡图像意义的印花图案。来自 Mátala Mama 公司。

4–5. T 恤的定位印花坯样。由 Laura Fernández 为 Springfield 公司设计。2005/2006 秋冬系列。

1. 标语“岩石”和“马戏团”的原创图案设计。2006春夏系列。来自Mátala Mama公司。

2. 以新艺术风格为灵感的的2005/2006秋冬女装系列。来自Springfield公司。

3–4. T恤定位印花图案的坯样。2005/2006秋冬系列。来自Springfield公司。

5. 将花蕊转化成麦克风，音符转换成花朵的音乐与花朵元素图案设计。来自Basso & Brooke公司。

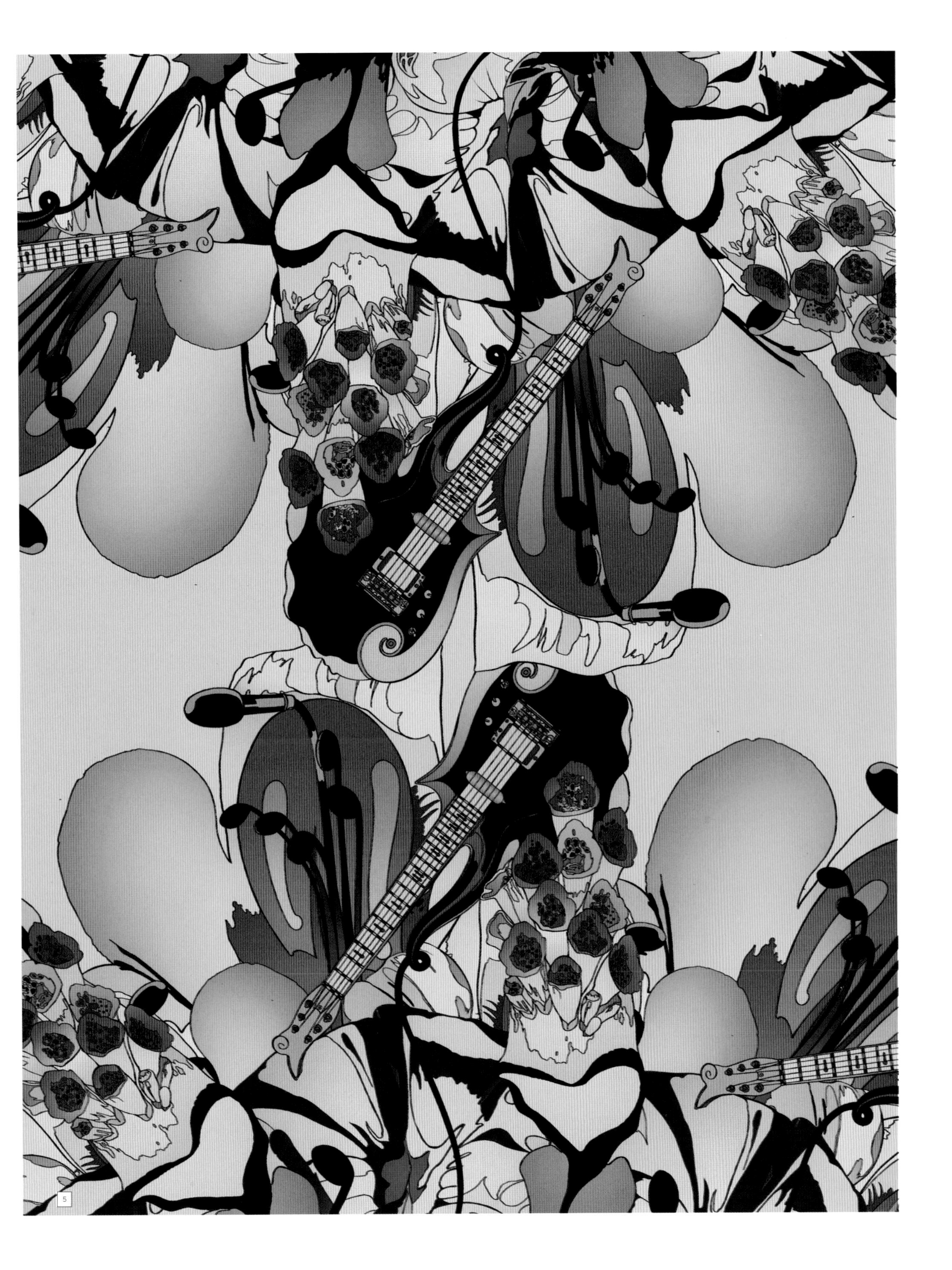

5

《丝路寻踪》

设计师：黄敏娜（浙江凯喜雅国际股份有限公司）

该丝巾描绘了宋元时期鼎盛的海上丝绸之路，中国精美的丝绸、陶瓷品等途经波斯湾、红海，运往阿拉伯世界及亚非其他国家。而香料、毛织品、象牙等也源源不断的运往中国。丝绸之路的开辟是人类文明史的一个伟大创举，在沿线区域浩瀚的文化中，各类文明异彩纷呈。

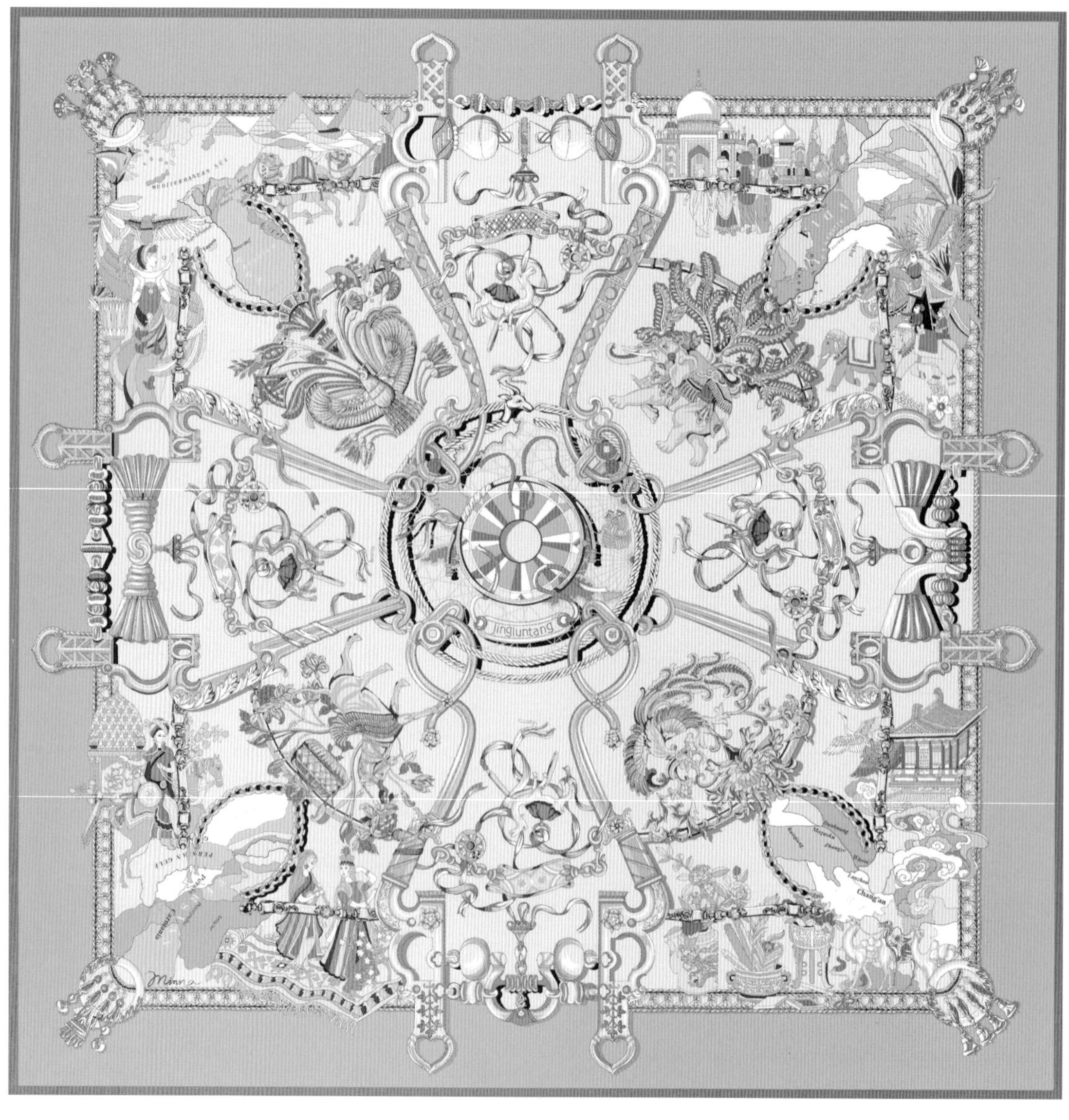

《紫气东来》

设计师：黄敏娜（浙江凯喜雅国际股份有限公司）

紫气东来，寓意着吉祥如意。丝巾取材于北京故宫雄伟的紫禁城建筑上的彩绘艺术：富丽堂皇的色彩、庄严肃穆的建筑、精雕细琢的描金工艺，体现了中国古代建筑独特的艺术魅力。用方型的构图体现出紫禁城的磅礴气势，红墙黄瓦，画栋雕梁，殿宇楼台，错落有致。紫禁城凝聚着中国古代能工巧匠的集体智慧。

《百年旗袍》

设计师：黄敏娜（浙江凯喜雅国际股份有限公司）

20世纪上半叶，旗袍成为一种经典女装，它既有沧桑变幻的往昔，更拥有焕然一新的现在。她带着一息冷艳的忧伤，高贵的气质，将曾经的洋场尘埃，抖落在历史的衣橱。丝巾正是源自这些题材，用抽象的手笔描绘出旗袍女子婀娜多姿的身段，隐藏于万花之中。用写实的手法刻画出旗袍衣领的变化多样，虚与实的对比，使得画面更具层次感。

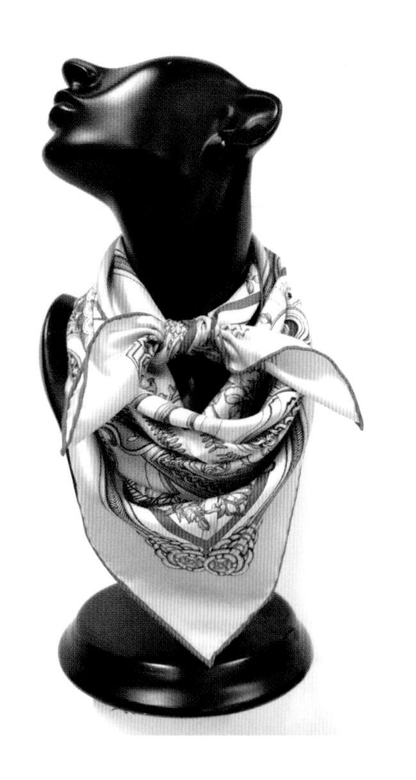

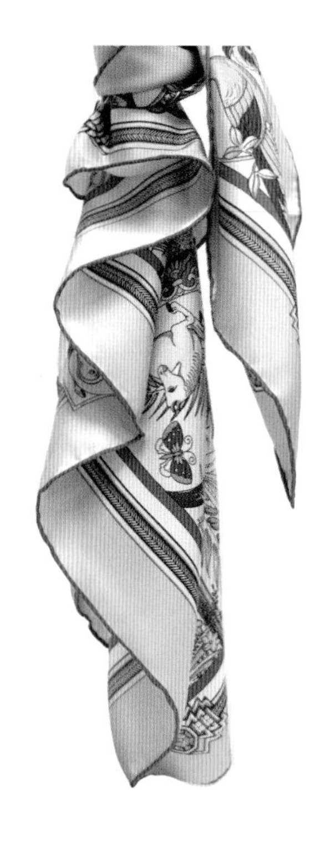

《万缘之园》

设计师：黄敏娜（浙江凯喜雅国际股份有限公司）

圆明园是我国历史上最华彩的乐章、是中华民族史上最宏丽的画卷。这是一座精艳绝伦的“万园之园”，是用大理石、汉白玉、青铜和瓷器建造的一个梦，丝巾作品用浓缩的语言，用标志性的建筑结构，来描绘这件举世珍宝的绚丽多姿。画面用菱形分割，用金属链条贯穿首尾，四角分别饰以代表中西方的牡丹和牵牛花、鸢尾和铃兰花，寓意着富贵顽强，自由和幸福。

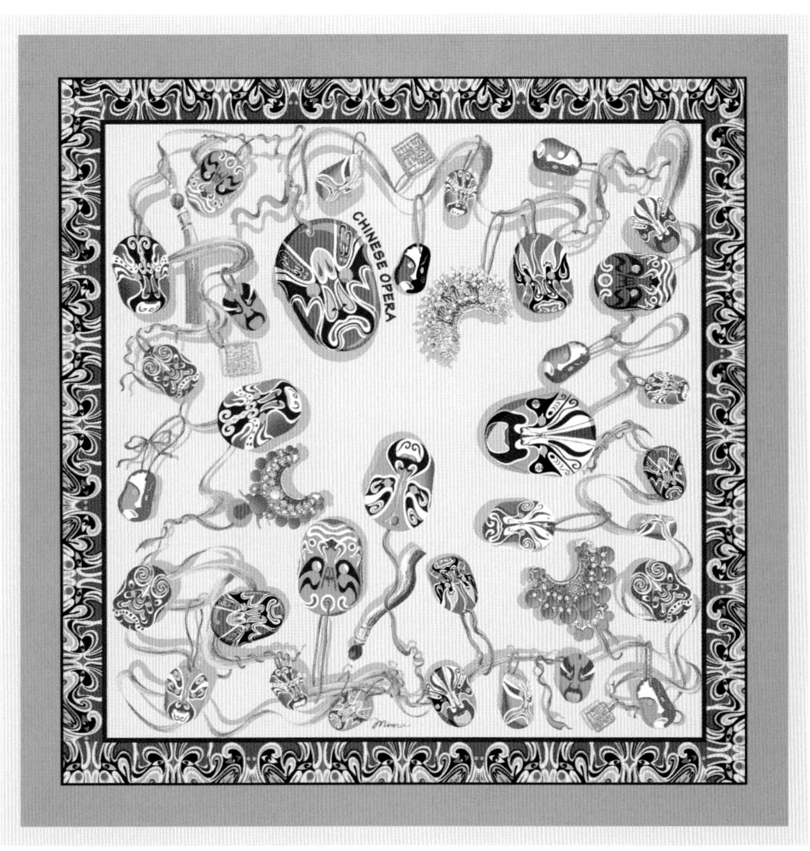

《脸谱集锦》

设计师：黄敏娜（浙江凯喜雅国际股份有限公司）

京剧是中国的国粹，历史悠久。京剧脸谱是京剧中最具有特色的戏曲人物脸谱造型艺术，它用变形、传神、寓意方法高度概括人物的鲜明个性。在京剧中针对不同的角色用不同的图案和色彩化装，因不同含义的色彩绘制在不同图案轮廓里，脸谱被誉为角色“心灵的画面”。丝巾设计中选取不同京剧人物脸谱通过打散构成的方法，生动地展现了中国博大精深的脸谱艺术。

《莺歌蝶舞》

设计师：黄敏娜（浙江凯喜雅国际股份有限公司）

蝴蝶的美华贵、妖艳、斑斓！这斑斓或光泽夺目，或七彩多姿。娟丽至极，抑或色暗，抑或亮堂，或黄或红或棕或褐。蝴蝶翅膀的色彩来自于鳞片对阳光七色光波的反射。闪烁冷光的翅片，就像朝暾初露时的云蒸霞蔚。每当看到彩蝶纷飞，我都会想起破茧成蝶，为它那美丽的背后所经历的磨难感叹，对它不灭的信念产生无限的敬意。

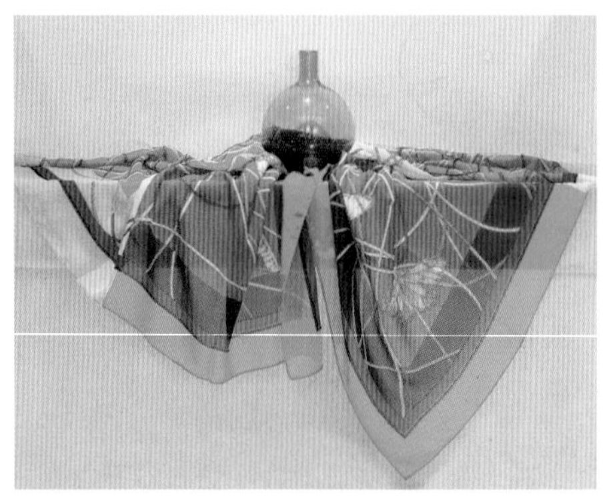

《丝·路》

设计师：黄敏娜（浙江凯喜雅国际股份有限公司）

“春蚕到死丝方尽”，这一千古名句道出蚕奉献的一生。这也成就了我国几千年来辉煌的蚕桑文明。一根根细丝，光洁雅致，优柔若水，连绵不绝。看似繁多却又简洁的线条，再现了春蚕吐丝时的场景，几只彩蝶翩翩起舞，这是一个美丽的蜕变，是人生的一次质的升华。作品采用分割构成设计，色彩对比鲜明，将丝与蝶的浪漫注入缤纷的血液，充满现代时尚感。